高等学校信息技术类新方向新动能新形态系列规划教材

教育部高等学校计算机类专业教学指导委员会－Arm中国产学合作项目成果

Arm中国教育计划官方指定教材

数字图像处理
与 Python 实现

岳亚伟 / 主编

薛晓琴 胡欣宇 / 副主编

人民邮电出版社

北 京

图书在版编目（CIP）数据

数字图像处理与Python实现 / 岳亚伟主编. -- 北京：
人民邮电出版社，2020.2（2023.12重印）
高等学校信息技术类新方向新动能新形态系列规划教
材
ISBN 978-7-115-52791-2

Ⅰ．①数… Ⅱ．①岳… Ⅲ．①数字图象处理－高等学
校－教材②软件工具－程序设计－高等学校－教材 Ⅳ.
①TN911.73

中国版本图书馆CIP数据核字(2019)第267719号

内 容 提 要

本书采用通俗易懂的语言对数字图像处理的相关概念进行阐述，同时穿插较为典型的 Python 小程序，使读者能够快速掌握数字图像处理的相关概念和技术。

全书共 7 章，大致可以分为四个版块。第 1、2 章为第一版块，介绍数字图像处理的基础知识及彩色图像处理，使读者了解数字图像处理最基本的概念，并能够掌握数字图像处理的基本流程。第 3、4 章为第二版块，介绍图像空间滤波与图像频域滤波，使读者了解数字图像处理的一般原理。第 5 章为第三版块，介绍图像特征提取，使读者了解数字图像处理的基础应用。第 6、7 章为第四版块，介绍图像压缩与图像小波变换，使读者了解数字图像处理的深入应用。附录部分展示了如何进行环境配置以及 Python 的一些基本语法。

本书可作为高等院校计算机科学、人工智能、信号与信息处理、通信工程等专业的教材，也可供相关技术人员学习参考。

◆ 主　　编　岳亚伟
　　副 主 编　薛晓琴　胡欣宇
　　责任编辑　祝智敏
　　责任印制　王 郁　陈 犇
◆ 人民邮电出版社出版发行　　北京市丰台区成寿寺路 11 号
　　邮编　100164　电子邮件　315@ptpress.com.cn
　　网址　http://www.ptpress.com.cn
　　三河市祥达印刷包装有限公司印刷
◆ 开本：787×1092　1/16
　　印张：14.75　　　　　　　　2020 年 2 月第 1 版
　　字数：338 千字　　　　　　 2023 年 12 月河北第 10 次印刷

定价：49.80 元

读者服务热线：(010)81055256　印装质量热线：(010)81055316
反盗版热线：(010)81055315
广告经营许可证：京东市监广登字 20170147 号

编委会

顾　问：吴雄昂

主　任：焦李成　桂小林

副主任：马殿富　陈　炜　张立科　Khaled Benkrid

委　员：（按照姓氏拼音排序）

安　晖　白忠建　毕　盛　毕晓君　陈　微

陈晓凌　陈彦辉　戴思俊　戴志涛　丁　飞

窦加林　方勇纯　方　元　高小鹏　耿　伟

郝兴伟　何兴高　季　秋　廖　勇　刘宝林

刘儿兀　刘绍辉　刘　雯　刘志毅　马坚伟

孟　桥　莫宏伟　漆桂林　卿来云　沈　刚

涂　刚　王梦馨　王　睿　王万森　王宜怀

王蕴红　王祝萍　吴　强　吴振宇　肖丙刚

肖　堃　徐立芳　阎　波　杨剑锋　杨茂林

袁超伟　岳亚伟　曾　斌　曾喻江　张登银

赵　黎　周剑扬　周立新　朱大勇　朱　健

秘书长：祝智敏

PREFACE

拥抱亿万智能互联未来

在生命刚刚起源的时候，一些最最古老的生物就已经拥有了感知外部世界的能力。例如，很多原生单细胞生物能够感受周围的化学物质，对葡萄糖等分子有趋化行为；并且很多单细胞原生生物还能够感知周围的光线。然而，在生物开始形成大脑之前，这种对外部世界的感知更像是一种"反射"。随着生物的大脑在漫长的进化过程中不断发展，或者说直到人类出现，各种感知才真正变得"智能"，通过感知收集的关于外部世界的信息开始通过大脑的分析作用于生物本身的生存和发展。简而言之，是大脑让感知变得真正有意义。

这是自然进化的规律和结果。有幸的是，我们正在见证一场类似的技术变革。

过去十年，物联网技术和应用得到了突飞猛进的发展，物联网技术也被普遍认为将是下一个给人类生活带来颠覆性变革的技术。物联网设备通常都具有通过各种不同类别的传感器收集数据的能力，就好像赋予了各种机器类似生命感知的能力，由此促成了整个世界数据化的实现。而伴随着 5G 技术的成熟和即将到来的商业化，物联网设备所收集的数据也将拥有一个全新的、高速的传输渠道。但是，就像生物的感知在没有大脑时只是一种"反射"一样，这些没有经过任何处理的数据的收集和传输并不能带来真正进化意义上的突变，甚至非常可能在物联网设备数量以几何级数增长的情况下，由于巨量数据传输造成 5G 等传输网络的拥堵甚至瘫痪。

如何应对这个挑战？如何赋予物联网设备所具备的感知能力以"智能"？我们的答案是：人工智能技术。

人工智能技术并不是一个新生事物，它在最近几年引起全球性关注并得到飞速发展的主要原因，在于它的三个基本要素（算法、数据、算力）的迅猛发展，其中又以数据和算力的发展尤为重要。物联网技术和应用的蓬勃发展使得数据累计的难度越来越低；而芯片算力的不断提升使得过去只能通过云计算才能完成的人工智能运算现在已经可以下沉到最普通的设备之上完成。这使得在终端实现人工智能功能的难度和成本都得以大幅降低，从而让物联网设备拥有"智能"的感知能力变得真正可行。

物联网技术为机器带来了感知能力，而人工智能则通过计算算力为机器带来了决策能力。二者的结合，正如感知和大脑对自然生命进化所起到的必然性决定作用，其趋势将无可阻挡，并且必将为人类生活带来巨大变革。

未来十五年，或许是这场变革最最关键的阶段。业界预测到 2035 年，将有超过一万亿个智能设备实现互联。这一万亿个智能互联设备将具有极大的多样性，它们共同构成了一个极端多样化的计算世界。正是在这样的背景下，Arm 中国立足中国，依托全球最大的 Arm 技术生态，全力打造先进的人工智能物联网技术和解决方案，立志成为中国智能科技生态的领航者。

亿万智能互联最终还是需要通过人来实现，具备人工智能物联网 AIoT 相关知识的人才，在今后将会有更广阔的发展前景。如何为中国培养这样的人才，解决目前人才短缺的问题，也正是我们一直关心的。通过和专业人士的沟通发现，教材是解决问题的突破口，一套高质量体系化的教材，将起到事半功倍的效果，能让更多的人成长为智能互联领域的人才。此次，在教育部计算机类专业教学指导委员会的指导下，Arm 中国能联合人民邮电出版社一起来打造这套智能互联丛书——高等学校信息技术类新方向新动能新形态系列规划教材，感到非常的荣幸。我们期望借此宝贵机会，和广大读者分享我们在 AIoT 领域的一些收获、心得以及发现的问题；同时服务于中国智能类专业的人才培养。出版该丛书，希望能够帮助读者解决在学习和工作中遇到的困难，能够提供更多的启发和帮助，为读者的成功添砖加瓦。

荀子曾经说过，"不积跬步，无以至千里。"这套丛书可能只是帮助读者在学习中跨出一小步，但是我们期待着各位读者能在此基础上励志前行，找到自己的成功之路。

安谋科技（中国）有限公司执行董事长兼 CEO　吴雄昂

2019 年 5 月

序二

人工智能是引领未来发展的战略性技术，是新一轮科技革命和产业变革的重要驱动力量，将深刻地改变人类社会生活、改变世界。促进人工智能和实体经济的深度融合，构建数据驱动、人机协同、跨界融合、共创分享的智能经济形态，更是推动质量变革、效率变革、动力变革的重要途径。

近几年来，我国人工智能新技术、新产品、新业态持续涌现，与农业、制造业、服务业等各行业的融合步伐明显加快，在技术创新、应用推广、产业发展等方面成效初显。但是，我国人工智能专业人才储备严重不足，人工智能人才缺口大，结构性矛盾突出，具有国际化视野、专业学科背景、产学研用能力贯通的领军性人才、基础科研人才、应用人才极其匮乏。为此，2018 年 4 月，教育部印发了《高等学校人工智能创新行动计划》，旨在引导高校瞄准世界科技前沿，强化基础研究，实现前瞻性基础研究和引领性原创成果的重大突破，进一步提升高校人工智能领域科技创新、人才培养和服务国家需求的能力。由人民邮电出版社和 Arm 中国联合推出的"高等学校信息技术类新方向新动能新形态系列规划教材"旨在贯彻落实《高等学校人工智能创新行动计划》，以加快我国人工智能领域科技成果及产业进展向教育教学转化为目标，不断完善我国人工智能领域人才培养体系和人工智能教材建设体系。

"高等学校信息技术类新方向新动能新形态系列规划教材"包含 AI 和 AIoT 两大核心模块。其中，AI 模块涉及人工智能导论、脑科学导论、大数据导论、计算智能、自然语言处理、计算机视觉、机器学习、深度学习、知识图谱、GPU 编程、智能机器人等人工智能基础理论和核心技术；AIoT 模块涉及物联网概论、嵌入式系统导论、物联网通信技术、RFID 原理及应用、窄带物联网原理及应用、工业物联网技术、智慧交通信息服务系统、智能家居设计、智能嵌入式系统开发、物联网智能控制、物联网信息安全与隐私保护等智能互联应用技术。

综合来看，"高等学校信息技术类新方向新动能新形态系列规划教材"具有三方面突出亮点。

第一，编写团队和编写过程充分体现了教育部深入推进产学合作协同育人项目的思想，既反映最新技术成果，又体现产学合作成果。 在贯彻国家人工智能发展战略要求的基础上，以"共搭平台、共建团队、整体策划、共筑资源、生态优化"的全新模式，打造人工智能专业建设和人工智能人才培养系列出版物。Arm 中国在教材编写方面给予了全面支持，丛书主要编委来自清华大学、北京大学、北京航空航天大学、北京邮电大学、南开大学、哈尔滨工业大学、同济大学、武汉大学、西安交通大学、西安电子科技大学、南京大学、南京邮电大学、厦门大学等众多国内知名高校人工智能教育领域。从结果来看，"高等学校信息技术类新方向新动能新形态系列规划教材"的编写紧密结合了教育部关于高等教育"新工科"建设方针和推进产学合作协同育人思想，将人工智能、物联网、嵌入式、计算机等专业的人才培养要求融入到教材内容和教学过程中。

第二，以产业和技术发展的最新需求推动高校人才培养改革，将人工智能基础理论与产业界最新实践融为一体。众所周知，Arm 中国作为全球重要的半导体知识产权提供商，其产品广泛应用于移动通信、移动办公、智能传感、穿戴式设备、物联网，以及数据中心、大数据管理、云计算、人工智能等各个领域，相关市场占有率在全世界范围内达到90%以上。Arm 处理器被合作伙伴广泛应用在芯片、模块模组、软件解决方案、整机制造、应用开发和云服务等人工智能产业生态的各个领域，为教材编写注入了教育领域的研究成果和行业标杆企业的宝贵经验。同时，作为 Arm 中国协同育人项目的重要成果之一，"高等学校信息技术类新方向新动能新形态系列规划教材"的推出，为教育工作者、学生和研究人员提供教学资料、硬件平台、软件开发工具、IP 和资源，未来有望基于本套丛书，实现人工智能相关领域的课程及教材体系化建设。

第三，教学模式和学习形式丰富。"高等学校信息技术类新方向新动能新形态系列规划教材"提供丰富的线上线下教学资源，更适应现代教学需求，学生和读者可以通过扫描二维码或登录资源平台的方式获得教学辅助资料，进行书网互动、移动学习、翻转课堂学习等。同时，"高等学校信息技术类新方向新动能新形态系列规划教材"配套提供了多媒体课件、源代码、教学大纲、电子教案、实验实训等教学辅助资源，便于教师教学和学生学习，辅助提升教学效果。

希望"高等学校信息技术类新方向新动能新形态系列规划教材"的出版能够加快人工智能领域科技成果和资源向教育教学转化，推动人工智能重要方向的教材体系和在线课程建设，特别是人工智能导论、机器学习、计算智能、计算机视觉、知识工程、自然语言处理、人工智能产业应用等主干课程的建设。希望基于"高等学校信息技术类新方向新动能新形态系列规划教材"的编写和出版，能够加速建设一批具有国际一流水平的本科生、研究生教材和国家级精品在线课程，并将人工智能纳入大学计算机基础教学内容，为我国人工智能产业发展打造多层次的创新人才队伍。

教育部人工智能科技创新专家组专家
教育部科技委学部委员   焦李成
IEEE/IET/CAAI Fellow   2019 年 6 月
中国人工智能学会副理事长

前言

本书试图用通俗易懂的语言把数字图像信号处理中的原理和方法传递给读者，即便读者半路出家，依然能够有所收获。本书在介绍理论知识的同时，利用 Python 语言对算法进行了实现。为了锻炼读者的实战能力，也为了避免喧宾夺主，书中有些算法的实现只给出了部分代码，若读者感兴趣，可根据书中向导对剩余代码进行实现，这一过程必定能够加深读者对相关知识的理解。

本书内容安排如下。

第 1 章数字图像处理基础知识，简要介绍数字图像处理涉及的一些基本概念、基本运算、基本类型，以及如何通过 Python 对数字图像进行读取和简单操作。

第 2 章彩色图像处理初步，以彩色图像为例对数字图像处理的基本操作进行介绍，引导读者熟悉数字图像处理的基本过程。本章内容主要包括颜色空间的基本概念、伪彩色图像处理操作、彩色图像处理简单操作等。

第 3 章空间滤波，瞄准在空间域中对图像进行增强，介绍空间滤波的机理、基本概念以及使用的基本技术。本章内容包括空间滤波基本概念、基于空间滤波的图像平滑处理、基于空间滤波的锐化操作以及混合空间增强。

第 4 章频域滤波，从频域角度入手对图像处理及增强方法展开介绍。因为频域滤波所需要的数学知识较多，所以本章采用由浅入深的策略，首先介绍一维傅里叶变换，其次介绍二维傅里叶变换和快速傅里叶变换，最后介绍图像频域滤波中出现的各种技术，其大体可分为低通滤波和高通滤波两大类。

第 5 章图像特征提取，从全局特征提取和局部特征提取两方面入手，分别介绍了颜色特征、纹理特征、形状特征、边缘特征、点特征的提取方法。本章内容目前是机器视觉和图像处理领域的学者关注较多的内容，通过穿插较多的示例，帮助读者理解图像特征提取的基本技术。

第 6 章图像压缩，瞄准如何减少图像传输及存储数据大小，介绍主要使用的压缩技术，包括有损压缩、无损压缩等，并使用 JPEG 压缩技术串讲全章知识点。

第 7 章图像小波变换与多分辨率，主要介绍图像的小波域表示及多分辨率表示。

附录介绍了 Python 开发环境配置及基本语法。

本书第 1、4、5、6、7 章内容及附录由岳亚伟完成，第 2、3 章内容由薛晓琴完成。

由于时间所限，本书仅介绍了一些比较典型的图像处理技术。另外，本书对某些代码进行了简化处理，以便读者通过自行完善代码实现编程能力的提升。

在此，编者由衷感谢参与本书编校工作的人民邮电出版社的各位编辑，也感谢 Arm 中国提供的支持。

岳亚伟

2019 年 12 月

CONTENTS

01

数字图像处理基础知识

1.1 数字图像简介..............................2

   1.1.1 数字图像处理的目的..............3

   1.1.2 数字图像处理的应用..............4

   1.1.3 数字图像处理特点..................5

   1.1.4 常见的数字图像处理方法......5

1.2 图像采样和量化..........................6

   1.2.1 图像采样................................7

   1.2.2 图像量化..............................10

1.3 图像的表示和可视化..................12

   1.3.1 图像的表示..........................12

   1.3.2 图像的格式..........................13

   1.3.3 图像的基本属性..................14

   1.3.4 图像可视化模块..................15

1.4 像素间的关系............................18

1.5 简单图像处理............................19

   1.5.1 图像基本属性的操作..........20

   1.5.2 图像的简单运算..................22

   1.5.3 图像卷积操作......................28

1.6 小结..30

1.7 本章练习....................................30

02

彩色图像处理初步

2.1 彩色图像的颜色空间..................32

   2.1.1 RGB 颜色空间......................32

   2.1.2 HSI 颜色空间........................34

   2.1.3 RGB 颜色空间与 HSI 颜色

         空间之间的转换..................34

2.2 伪彩色图像处理..........................37

   2.2.1 强度分层..............................37

   2.2.2 灰度值到彩色变换..............38

2.3 基于彩色的图像分割..................43

   2.3.1 HSI 颜色空间中的分割........43

   2.3.2 RGB 颜色空间中的分割......45

2.4 彩色图像的灰度化......................48

2.5 小结..50

2.6 本章练习....................................50

03

空间滤波

3.1 空间滤波基础............................52

   3.1.1 空间滤波的机理..................52

3.1.2 空间滤波器模板 ································ 55

3.2 平滑处理 ·· 55
  3.2.1 平滑线性空间滤波器 ··················· 55
  3.2.2 统计排序滤波器 ···························· 60

3.3 锐化处理 ·· 65
  3.3.1 一阶微分算子 ······························ 65
  3.3.2 二阶微分算子 ······························ 69
  3.3.3 反锐化掩蔽 ·································· 71

3.4 混合空间增强 ·································· 72

3.5 小结 ·· 75

3.6 本章练习 ·· 76

04

频域滤波

4.1 傅里叶变换 ······································ 79
  4.1.1 一维傅里叶变换 ·························· 79
  4.1.2 二维傅里叶变换 ·························· 83

4.2 傅里叶变换的性质 ························ 87
  4.2.1 傅里叶变换的基本性质 ··············· 87
  4.2.2 二维傅里叶变换的性质 ··············· 91

4.3 快速傅里叶变换 ···························· 93
  4.3.1 快速傅里叶变换的原理 ··············· 93
  4.3.2 快速傅里叶变换的实现 ··············· 95

4.4 图像频域滤波 ································ 96
  4.4.1 低通滤波 ···································· 97
  4.4.2 高通滤波 ·································· 102

4.5 小结 ·· 105

4.6 本章练习 ······································ 106

05

图像特征提取

5.1 图像颜色特征提取 ···················· 108
  5.1.1 颜色直方图 ······························ 108
  5.1.2 颜色矩 ······································ 110

5.1.3 颜色集 ····································· 112
  5.1.4 颜色聚合向量 ·························· 112
  5.1.5 颜色相关图 ······························ 113

5.2 图像纹理特征提取 ···················· 115
  5.2.1 统计纹理分析方法 ···················· 116
  5.2.2 Laws 纹理能量测量法 ··············· 122
  5.2.3 Gabor 变换 ······························ 123
  5.2.4 局部二值模式 ·························· 128

5.3 图像形状特征提取 ···················· 134
  5.3.1 简单形状特征 ·························· 134
  5.3.2 傅里叶描述符 ·························· 136
  5.3.3 形状无关矩 ······························ 137

5.4 图像边缘特征提取 ···················· 138
  5.4.1 梯度边缘检测 ·························· 139
  5.4.2 一阶边缘检测算子 ···················· 139
  5.4.3 二阶边缘检测算子 ···················· 143

5.5 图像点特征提取 ························ 148

5.6 小结 ·· 152

5.7 本章练习 ······································ 152

06

图像压缩

6.1 图像压缩简介 ···························· 154

6.2 熵编码技术 ································ 155
  6.2.1 哈夫曼编码 ······························ 156
  6.2.2 算术编码 ·································· 161
  6.2.3 行程编码 ·································· 163
  6.2.4 LZW 编码 ································ 166

6.3 预测编码 ···································· 167
  6.3.1 DM 编码 ·································· 169
  6.3.2 DPCM 编码 ···························· 169

6.4 变换编码 ···································· 172
  6.4.1 K-L 变换 ································ 173
  6.4.2 离散余弦变换 ·························· 175

6.5 JPEG 编码 ·································· 179

6.6 小结 ·· 182

6.7　本章练习 ································· 182

07

图像小波变换与多分辨率

7.1　从傅里叶变换到小波变换 ·······184
　7.1.1　小波 ······························· 184
　7.1.2　感性认识小波变换 ············· 186
7.2　简单小波示例 ························190
　7.2.1　哈尔小波构建 ·················· 190
　7.2.2　哈尔小波变换 ·················· 192
　7.2.3　哈尔小波逆变换 ··············· 195
　7.2.4　其他常见小波函数 ············· 195
7.3　图像多分辨率 ························199
　7.3.1　小波多分辨率 ·················· 199
　7.3.2　图像金字塔 ····················· 200
　7.3.3　图像子带编码 ·················· 202
7.4　图像小波变换 ························203
　7.4.1　二维小波变换基础 ············· 203
7.4.2　小波变换在图像处理中的
　　　　应用 ····························· 205
7.5　小结 ···································· 208
7.6　本章练习 ····························· 209

附录 A　Python 开发环境配置及基本语法

A.1　综述 ··································· 210
A.2　Python 开发环境配置 ··········· 210
A.3　Python 基本语法 ················· 214
　A.3.1　Python 编码风格 ············· 215
　A.3.2　第一个 Python 程序 ·········· 215

参考文献 ······································· 220

数字图像处理基础知识

01 chapter

　　一图胜千言，图像为人类了解客观世界提供了大量的信息，为人类的想象力提供了不可或缺的载体。图像处理是指对图像进行的一系列操作，旨在优化图像或从图像中抽取某些有用信息。图像处理是信号处理的一种，其输入为一幅图像，输出是优化后的图像或抽取出的图像特征。作为机器视觉的基础，图像处理受到了越来越多的关注。

　　按照图像信号类型的不同，图像处理可以分为数字图像处理与模拟图像处理两种类型。模拟图像处理是指在模拟介质（如胶片）中通过模拟成像器件（如相机镜头）对连续模拟信号进行处理。数字图像处理是指以离散数字图像信号为处理对象，通过计算机对图像进行处理，以帮助人类更好地从图像中获得信息。

　　本章介绍了数字图像的一些基础知识和基本概念，包括：数字图像处理基本原理及常见方法、图像的采样和量化、图像的表示和可视化、图像中像素间的关系、黑白图像与灰度图像的概念。

"图"是客观世界物体反射或透射光的分布，是客观世界的反映；而"像"则是人类视觉系统对图的响应，是人的大脑对图的印象或认识，是人的一种感觉。图像（image）是图和像的有机结合，既反映物体的客观存在，又体现人的感知因素。图像处理旨在针对特定任务，提升图像的可理解性。对光的操作可理解为对图的处理，如拍照时的闪光灯补光操作、单反相机的镜头滤镜等。对成像结果的处理可理解为对像的操作，如大家常用的美颜相机软件内的各种操作。本书讲述的内容均属于对像的处理，为与主流教材保持一致，统称为图像处理。

一幅图像可表示成一个范围有限二维空间内幅值有限的函数，其数学表达为：

$$I = f(x, y)\, x_{start} \leqslant x \leqslant x_{end} \text{ 且 } y_{start} \leqslant y \leqslant y_{end} \text{ 且 } I_{min} \leqslant I \leqslant I_{max} \tag{1-1}$$

其中 x，y 表示图像中的空间坐标，$I = f(x,y)$ 表示图像某个位置的响应值，x_{start} 和 x_{end} 表示图像在水平方向上的边界，y_{start} 和 y_{end} 表示图像在垂直方向上的边界，I_{min} 和 I_{max} 分别表示响应幅值的最小值和最大值。如果图像空间坐标 x，y 连续，且响应值 $f(x,y)$ 连续，则图像为模拟图像。数字图像指的是空间坐标及响应值均不连续的图像。针对数字图像所进行的图像优化或信息抽取称为数字图像处理。典型的数字图像表示如图 1-1 所示。

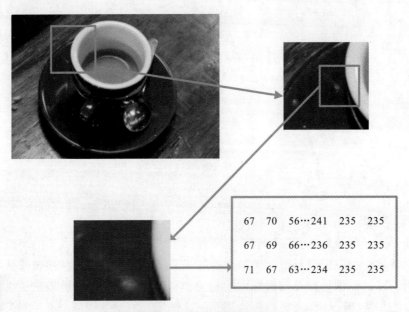

图 1-1　典型数字图像表示

在图 1-1 中，左上为原图，右上为进行了第一次放大操作后所得的图，左下为进行了第二次放大操作后所得的图，右下为对应的数字图像计算机内部表示。多次放大之后我们可以发现图像有了明显的锯齿状边缘，由此可知数字图像的空间分布和响应值均不连续。

数字图像由二维元素组成，每个元素包含一个坐标(x,y)和一个响应值 $f(x,y)$，每个元素也称为数字图像的一个像素。数字图像是由像素组成的二维排列，如图 1-1 所示，其可以用像素构成的二维矩阵表示。对于灰度图像而言，每个像素可用一个整数值来表示，其范围通常为 0~255，其中 0 表示最低亮度（黑），255 表示最高亮度（白），其他值表示中间灰度。彩色图像则由红、绿、蓝三元组矩阵来表示，三元组的每个数值的范围通常也是0~255。彩色图像及其红色分量、绿色分量、蓝色分量图像如图 1-2 所示。

（a）彩色图像　　　　　　　　　　（b）红色分量图像

（c）绿色分量图像　　　　　　　　（d）蓝色分量图像

图 1-2　彩色图像及其红、绿、蓝分量图像

1.1.1　数字图像处理的目的

数字图像处理是指借助计算机强大的运算能力，运用去噪、特征提取、增强等技术对以数字形式存储的图像进行加工、处理。数字图像处理的目的主要有以下 3 点。

1．提升图像的视觉感知质量

通过亮度、彩色等变换操作，抑制图像中某些成分的表现力，提升图像中特定成分的表现力，以改善图像的视觉感知效果。

2．提取图像中的感兴趣区域或特征

我们从图像中提取的感兴趣区域或特征可以作为图像分类、分割、语义标注等的依据，为计算机图像分析提供进一步的便利。按照表示方式的不同，提取的特征可以分为空间域特征和频域特征两大类。按照所表达的图像信息的不同，提取的特征可以分为颜色特征、边界特征、区域特征、纹理特征、形状特征及图像结构特征等。

3．方便图像的存储和传输

为了减少图像的存储空间，降低图像在网络传输中的耗时，可首先使用各类编码方法对图像进行编码，然后使用如 JPEG、BMP 等压缩标准对图像进行压缩。

不管是何种目的的图像处理，都需要由计算机和图像专用设备组成的图像处理系统对图像数据进行输入、加工和输出。

1.1.2　数字图像处理的应用

数字图像处理是指将图像转化为离散数字信号，并利用计算机对其进行处理。数字图像最早应用于报纸行业，即将英国和美国之间原本需要 7 天才能传输完成的报纸图像在 3 个小时内传输完成。数字图像处理作为一门独立的学科成形于 20 世纪 60 年代早期，其最早的目的是为了改善图像的视觉感知质量，以人为对象，通过对图像的处理，使得图像中的目标更加清晰可辨。数字图像处理的最早的成功应用案例出现在美国喷气推进实验室，该实验室对由航天器采集的数千张月球图片进行了处理，借助计算机的计算能力成功完成了月面地图的绘制，为后续的数次成功登月奠定了一定的基础。电子计算机断层扫描（Computed Tomography，CT）是数字图像处理应用在医学领域中的一个早期典型成功案例。英国 EMI 公司的工程师于 1972 年发明了专门用于颅腔诊断的 X 射线诊断装置（即 CT 装置），CT 装置通过 X 射线产生人类身体部件的投影，并通过计算机对投影截面进行重建，为医生进行进一步的疾病诊断提供依据。CT 诊断技术发明人于 1972 年获得了诺贝尔生理学或医学奖，CT 诊断技术也在随后的数年内推广到了全世界，为人类生命质量的提升做出了巨大的贡献。随着数字图像处理技术的进一步发展，以及人工智能、计算机科学相关技术的进一步成熟，数字图像处理技术可以向更高层次、更广领域做更深入的发展，计算机视觉相关理论也开始逐步从理论走向大规模应用。20 世纪 70 年代末，马尔（Marr）教授首先提出较为完整的计算机视觉理论，其成为计算机视觉领域的指导理念，以马尔命名的"马尔奖"迄今为止还是计算机视觉领域的最高奖项。计算机视觉关注如何借助计算机系统对图像做出相应解释，可以让计算机对外部世界产生类似于人的理解能力。近年来随着深度学习理论的不断发展以及计算机硬件尤其是 GPU 计算能力的不断提升，计算机视觉的理解能力和水平迈上了一个新的台阶，在许多领域达到甚至超过了人类。

数字图像处理在国民经济领域存在诸多现实应用，比较具有代表性的是遥感图像分析技术的广泛应用。农业部门通过对遥感图像进行分析，可以了解作物的播种、生长、病害情况，有助于做到大范围地估产及病虫害防治。水利部门通过对采集到的遥感图像进行评估分析，可以做到对水害灾情变化的实时检测，配合气象部门的卫星云图分析，可以对水旱灾害情况进行较为及时与准确的预测。国土测绘机构使用航测或卫星可获得地貌信息及地面设施布置等资料，通过对其进行进一步分析即可获知国土使用情况。

互联网的发展为数字图像提供了广泛的应用场景，数字图像处理的相关技术在社会中也发挥着更大的作用，如基于数字图像识别的身份认证系统，可通过快速比对被检测身份图像与原始身份图像完成被检测人员的身份认证，该系统在门禁、出入境以及金融支付等领域得到了广泛应用。再如种类繁多的美图软件及丑图软件已经作为必备模块集成到了社交媒体中，通过物体识别、高斯模糊等简单图像处理方法实现了图像快速美化或丑化，为人们的生活增添了不少乐趣。为了适应互联网应用中大量图像传输需要，减小图像传输带宽要求，各类图像压缩算法也得到了大规模应用，如 JPG、PNG 等格式的压缩图像编码算法已经被视为图像编码的即成标准。光学字符识别是数字图像处理技术应用的又一重要领域，其首先利用图像分割得到单个字符图像，其次通过特征提取得到单个字符特征，最后经过图像识别算法提取出图像中的文本内容，进而形成文本文档。

1.1.3 数字图像处理特点

与模拟图像处理相比，数字图像处理具有以下特点。

1. 可再现能力强

数字图像存储的基本单元是由离散数值构成的像素，其一旦形成不容易受图像存储、传输、复制过程的干扰，即不会因为这些操作而退化。与模拟图像相比，数字图像具有较好的可再现能力。只要图像在数字化过程中对原景进行了准确的表现，所形成的数字图像在被处理过程中就能保持图像的可再现能力。

2. 处理精度高

将图像从模拟图像转化为数字图像，中间不免会损失一些细节信息。但利用目前的技术，我们几乎可以将一幅模拟图像转化为任意尺寸的数字图像，数字图像可以在空间细节上任意逼近真实图像。现代数字图像获取技术可以将每个像素基元的灰度级量化到 32 位甚至更多位数，这样可以保证数字图像在颜色细节上满足真实图像颜色分辨率的要求。

3. 适用范围广

利用数字图像处理技术可以处理不同来源的图像，也可以对不同尺度客观实体进行展示，如即可以展示显微图像等小尺度影像，也可以展示天文图像、航空图像、遥感影像等大尺度图像。这些图像不论尺度大小、来源各异，在进行数字图像处理时，均会被转化为由二维数组编码的图像形式，因而均可以由计算机进行处理。

4. 灵活性高

数字图像处理算法中不仅包括线性运算，也包括各类可用的非线性运算。现代数字图像处理可以进行点运算，也可以进行局部区域运算，还可以进行图像整体运算。通过空间域与频域的转换，我们还可以在频域进行数字图像的处理。上述运算和操作都为数字图像处理提供了高度的灵活性。

1.1.4 常见的数字图像处理方法

数字图像处理的方便性和灵活性，以及现代计算机的广泛普及，使得数字图像处理技术成为图像处理技术的主流。数字图像处理的一般步骤为：图像信息的获取、图像信息的存储、图像信息的处理、图像信息的传输、图像信息的展示等环节。目前常见的数字图像处理方法包括：图像的数字化、编码、增强、恢复、变换、压缩、存储、传输、分析、识别、分割等。

1. 图像变换

由于图像矩阵很大，直接在空间域中进行处理，计算量较大，因此需要采用合适的变换方法对图像进行转换，将图像从空间域转换到其他领域进行处理，如傅里叶变换、离散余弦变换等频域变换技术。通过图像变换可以大幅减少图像处理过程的计算量，同时有助于应用更有效的图像处理技术（如图像的频域滤波）。

2. 图像压缩编码

图像压缩编码技术的主要目标是减少描述图像所需的数据量,以便减小图像在传输、处理过程中所占的存储空间。目前的压缩技术可分为有失真和无失真压缩两大类别。编码技术是压缩中最重要的步骤,在图像处理中是发展较早且较为成熟的技术,如 JPEG 编码技术等。

3. 图像增强和复原

图像增强的主要目的是提升图像质量,以获得更好的观感,如图像去噪、去模糊等。图像增强过程中并不考虑图像质量下降的原因,其主要目的是突出图像中感兴趣的部分。例如,提升频域图像的高频分量,可以提升图像中的细节,使得图像中的对象轮廓更加清晰。提升图像中的低频分量则可减少噪声对图像的影响。图像复原的目的也是提升图像质量,而与图像增强不同,图像复原要求提前了解引起图像质量下降的原因,一般需要根据质量下降原因建立"质降模型",再根据该模型采用滤波方法对图像进行恢复或重建。

4. 图像分割

图像分割技术是当代数字图像信号处理中的关键技术之一。图像分割的主要目的是将图像分解为若干有意义的部分。图像分割技术可以作为图像识别、分析和理解技术的基础。在图像分割的基础上,形成图像的区域、边缘特征描述,借助模式识别相关技术,完成图像的语义分析和理解。虽然已研究出多种边缘提取、区域分割的方法,但还没有一种普遍适用于各种图像的有效方法。因此,对图像分割的研究还在不断深入中,是图像处理领域中的研究热点之一。

5. 图像描述

图像描述是通过一系列属性或特征对图像进行描述,是图像识别和图像分类的必要前提。简单的二值图像可以通过其几何特性(如形状描述、边界描述、区域描述等)进行描述。对比较有规律的图像可以通过纹理特征进行描述。随着图像处理技术的发展,现在也可以通过体积描述、表面描述、广义圆柱体描述等方法对三维图像或模型进行描述。

6. 图像分类(识别)

图像分类(识别)是模式识别领域中的重要技术之一,其主要目标是对图像的类型进行判别或者对图像中出现的物体进行检测和识别。图像分类(识别)的一般步骤是:首先进行图像特征提取和描述,然后使用模式识别相关技术进行分类器或检测器的训练,最后对目标图像进行分类和识别。近年来,随着深度学习的发展,将图像特征提取和分类的过程进行了整合,在进行图像描述的同时,完成分类器或检测器的训练。深度学习的最新研究结果显示,在某些类型的图像处理上,应用深度学习进行图像识别的准确率已经超越人类。

1.2 图像采样和量化

如前所述,数字图像有两个重要属性:空间位置(x,y)以及响应值 $I(x,y)$。数字图像中像素的空间位置 x、y 以及响应值 I 均为离散值,而传感器的输出是连续电压波形信号。

为了产生一幅数字图像，需要把连续的数据转换为离散的数字化形式。图像的数字化是将连续的模拟图像转换为计算机可处理的离散数字图像的过程，该过程包括两种操作：采样和量化。采样是图像空间坐标的离散化，决定了图像的空间分辨率。量化是图像响应幅值的离散化，决定了图像的灰度分辨率。采样和量化是将模拟图像转换为数字图像的两个最重要的操作。

1.2.1 图像采样

图像采样是将一幅在空间上连续分布的模拟图像分割成 $M \times N$ 的网格，每个网格称为一个像素，$M \times N$ 称为图像的空间分辨率。根据香农采样定理，只要采样的频率大于被采样信号最高频率的 2 倍，就可以由采样信号对原始信号的形态进行完整恢复。图像采样可以看作是对原始图像信号的一种数字化逼近。对咖啡杯图像进行不同频率采样后所得结果如图 1-3 所示。

（a）分辨率为600×400　　　　　　（b）分辨率为120×80

（c）分辨率为30×20　　　　　　（d）分辨率为6×4

图 1-3　图像采样结果

图像采样是对图像空间位置的数字化，采样需要确定水平和垂直方向上分割出像素的数量，该数量又称为图像的分辨率。首先沿垂直方向按一定间隔从上到下顺序地沿水平方向直线扫描，取出各水平线上灰度值的一维扫描。然后再对一维扫描线信号按一定间隔采样得到离散信号，即按先沿垂直方向采样，再沿水平方向采样这两个步骤完成采样操作。一般而言，采样间隔越大，所得图像像素数越少，空间分辨率低，图像质量差，严重时出现马赛克效应；采样间隔越小，所得图像像素数越多，空间分辨率高，图像质量好，但数据量较大。

按照采样方式，可以将采样分为均匀采样与不均匀采样两类。均匀采样是现在最常用的采样方式。均匀采样根据所需分辨率 $M \times N$，将图像均匀地分为 $M \times N$ 个块，然后对每个图像块 Δ_{ij}，使用采样函数 S，求得其采样结果值 $S(\Delta_{ij})$。比较常用的采样函数是求区域平均值。不均匀采样则是在需要体现细节的位置增加采样频率，而在图像变化较小的区域，相应减小采样频率。数字图像采样如图 1-4 所示，首先是二维空间连续分布函数，经过采样之后变成空间上不连续的函数。采样过程可看作将图像平面划分成规则网格，每个网格中心点的位置由一对笛卡儿坐标（m,n）决定。其中，m 是 M 中的整数，n 是 N 中的整数。

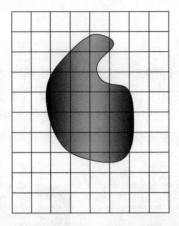

图 1-4 数字图像采样示意映射到离散坐标

使用求均值方法进行图像模拟采样的代码如下。使用求均值方法对图像进行采样如图 1-5 所示。

```
from skimage import data
from matplotlib import pyplot as plt
import numpy as np                    #导入所需类包
image=data.coffee()                   #载入测试图像
print(image.shape)                    #显示图像原始大小
print(type(image))                    #显示图像类型
ratio=20                              #设置采样比率
image1=np.zeros((int(image.shape[0]/ratio),
            int(image.shape[1]/ratio),image.shape[2]),dtype=
'int32')                              #设置采样后的图像大小
for i in range(image1.shape[0]):
    for j in range(image1.shape[1]):
        for k in range(image1.shape[2]):   #对图像进行遍历
            delta=image[i*ratio:(i+1)*ratio,j*ratio:(j+1)*ratio,k]
                                      #获取需要采样的图像块
            image1[i,j,k]=np.mean(delta)   #计算均值，并存入结果图像
    plt.imshow(image1)                     #打印采样后的图像
    plt.show()
```

除使用求均值方法进行图像采样外，也可以使用求最大值方法进行图像采样，只将代码 image1[i,j,k]=np.mean(delta)修改为 image1[i,j,k]=np.max(delta)即可。使用求最大值法对图像进行采样，如图 1-6 所示。

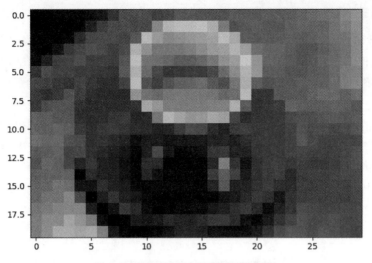

图 1-5　使用求均值方法对图像进行采样

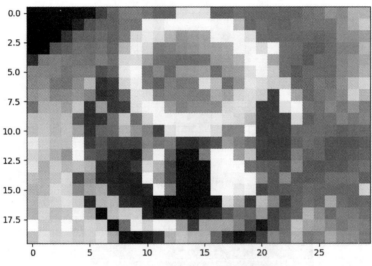

图 1-6　使用求最大值法对图像进行采样

　　读者可以尝试修改代码中采样比率（ratio）的值，体验采样频率对图像空间分辨率的影响。一般情况下，采样间隔越大，所得图像像素数越少，空间分辨率低，图像质量差，严重时出现像素呈块状的国际棋盘效应；而采样间隔越小，所得图像像素数越多，空间分辨率高，图像质量好，但数据量较大。

　　图像采样的理论基础是采样定理，频率范围为(0,max)Hz 的连续信号如果以大于或等于 2×max Hz 的采样频率对该信号进行采样，则可由采样所得信号无失真地恢复原始信号。由采样定理可知，若想无失真地恢复一幅图像，采样频率应该大于图像模拟信号最高频率的 2 倍。如果采样频率低于原信号最高频率的 2 倍，则恢复的信号中会包含原信号中不存在的低频成分，称为混淆，它会对信号造成干扰。针对图像理解或图像识别，更高的分辨率可以表示更多的信息。但是，对于人类而言，分辨率只要达到或接近人眼的辨识率即可，近年来提出的视网膜屏或者高清屏的概念均是针对人眼分辨率，而非图像信号频率。

1.2.2　图像量化

模拟图像经过采样后，在空间上实现了离散化，并形成像素。但采样所得的像素值（即灰度值）依旧是连续量。采样后所得的各像素的灰度值从连续量到离散量的转换称为图像灰度的量化。图像的像素值（响应值）$I(x,y)$的数字化被称为图像的量化，即将图像响应值$I(x,y)$从I_{min}到I_{max}的实数域映射为有限级别的离散数值。图像采样将图像的空间域限定为有限的离散坐标，而图像量化则将图像的响应值限定为有限的离散数值，如图1-7所示（对应图1-4）。与图像量化相关的度量为灰度级。灰度级（灰度层次）是表示像素明暗程度的整数量。例如，像素的取值范围为0～255，就称该图像为256个灰度级的图像。图像数据的实际灰度层次越多，视觉效果越好。图1-8为对灰度图像分别进行256级灰度量化、64级灰度量化、16级灰度量化的结果，对比图像可以发现256级灰度的细节呈现能力远高于其他两种灰度级。

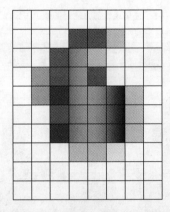

图1-7　数字图像量化示意（映射到离散响应值）

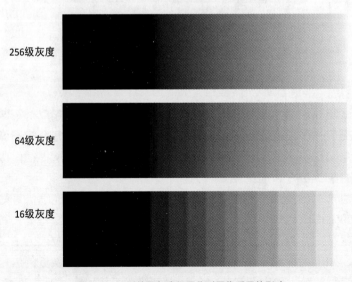

图1-8　不同数量灰度级量化对图像质量的影响

图像量化的部分模拟的Python代码如下。

```
from skimage import data
```

```
from matplotlib import pyplot as plt
image=data.coffee()        #载入测试图像
ratio=128                  #设置量化比率
for i in range(image.shape[0]):
    for j in range(image.shape[1]):
        for k in range(image.shape[2]):
            image[i][j][k]=int(image[i][j][k]/ratio)*ratio
                           #对图像中的每个像素进行量化
plt.imshow(image)          #打印采样后的图像
plt.show()
```

该代码将 256 级灰度的彩色图像量化到仅有 2 级灰度的彩色图像，结果如图 1-9 所示。

图 1-9　图像量化结果

图像的量化比率决定了图像的颜色精细程度。目前的一般做法是从图像响应最大值到响应最小值进行均匀量化，划分为若干量化层级。目前常见的量化级数一般为 2^n，如 256 或者 65536。最小的量化级数为 2，即灰度图像转变为二值图像，量化后的图像仅有 0 和 1 两种灰度取值。除均匀量化方法外，也存在非均匀量化。非均匀量化即在灰度级变化剧烈的区域用细粒度量化，而在灰度级比较平滑的区域用粗粒度量化。

量化等级越多，所得图像层次越丰富，灰度分辨率高，图像质量好，但数据量较大；量化等级越少，图像层次欠丰富，灰度分辨率低，可能会出现假轮廓现象，图像质量变差，但数据量较小。然而，在极少数情况下固定图像大小，减少灰度级能改善质量，产生这种情况的可能原因是减少灰度级一般会增加图像的对比度。例如，对细节比较丰富的图像数字化，可能会减少图像中用户不感兴趣的一些细节，增加感兴趣区域与背景图像的对比度。

图像的表示和可视化

经过采样和量化之后，图像 I 已经成为空间位置和响应值均离散的数字图像。图像上的每个位置(x,y)以及其对应量化响应值称为一个像素，如图 1-10 所示。

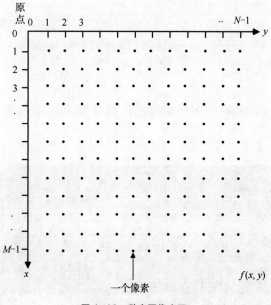

图 1-10 数字图像表示

1.3.1 图像的表示

通过采样和量化，原本连续的图像 $I=f(x,y)$ 转换为一个二维阵列 $f(x,y)$，该阵列具有 M 行 N 列，其中(x,y)是离散坐标。

$$I = f(x,y) = \begin{bmatrix} f(0,0) & f(0,1) & \cdots & f(0,N-1) \\ f(1,0) & f(1,1) & \cdots & f(1,N-1) \\ \vdots & \vdots & & \vdots \\ f(M-1,0) & f(M-1,1) & \cdots & f(M-1,N-1) \end{bmatrix}$$ （1-2）

一般地，直接用二维矩阵 A 表示量化后的图像更方便。

$$A = \begin{bmatrix} A(0,0) & A(0,1) & \cdots & A(0,N-1) \\ A(1,0) & A(1,1) & \cdots & A(1,N-1) \\ \vdots & \vdots & & \vdots \\ A(M-1,0) & A(M-1,1) & \cdots & A(M-1,N-1) \end{bmatrix}$$ （1-3）

二维矩阵是表示数字图像的重要数学形式。一幅 $M \times N$ 的图像可以表示为矩阵，矩阵中的每个元素称为图像的像素。每个像素都有它自己的空间位置和值，值是这一位置像素的颜色或者强度。

与图像表示相关的重要指标是图像分辨率。图像分辨率是指组成一幅图像的像素密度。对同样大小的一幅图，组成该图的图像像素数目越多，说明图像的分辨率越高，看起来越逼真。相反，像素越少，图像越粗糙。图像分辨率包括空间分辨率和灰度级（响应幅度）分辨率。空间分辨率是图像中可辨别的最小空间细节，取样值多少是决定图像空间分辨率的主要参数。灰度级分辨率是指在灰度级别中可分辨的最小变化。灰度级数通常是 2 的整数次幂。通常把大小为 $M{\times}N$、灰度为 L 级的数字图像称为空间分辨率为 $M{\times}N$ 像素、灰度级分辨率为 L 级的数字图像。

按照图像矩阵包含元素的不同，大致可以分为二值图像、灰度图像、彩色图像 3 类。二值图像也称单色图像或 1 位图像，即颜色深度为 1 的图像。颜色深度为 1 表示每个像素点仅占 1 位，一般用 0 表示黑，1 表示白。典型二值图像及其矩阵表示如图 1-11 所示。

图 1-11　典型二值图像及其矩阵表示

灰度图像是包含灰度级（亮度）的图像，每个像素由 8 位组成，其值的范围为 0～255，表示 256 种不同的灰度级。与二值图像相比，灰度图像可以呈现出图像的更多细节信息。彩色图像与灰度图像类似，每个像素也会呈现 0～255 共 256 个灰度级。与灰度图像不同的是，彩色图像每个像素由 3 个 8 位灰度值组成，分别对应红、绿、蓝 3 个颜色通道。

图像在计算机内以文件的形式进行存储，图像文件内除图像数据本身外，一般还有对图像的描述信息，以方便读取、显示图像。文件内图像表示一般分为矢量表示和栅格表示两类。矢量表示中，图像用一系列线段或线段的组合体表示。矢量文件类似程序文件，里面有一系列命令和数据，执行这些命令可根据数据画出图案。常用的工程绘图软件如 AutoCAD、Visio 都属于矢量图应用。栅格图像又称为位图图像或像素图像，使用矩阵或离散的像素点表示图像，栅格图像进行放大后会出现方块效应，常见的图像格式 BMP 是栅格图像的典型代表。

1.3.2　图像的格式

图像数据文件的格式有很多，不同的系统平台和软件常使用不同的图像文件格式。常用的图像数据文件格式有 BMP 图像格式、JPEG 图像格式、GIF 图像格式等。

1. BMP 图像格式

该格式是微软公司为 Windows 环境设计的一种图像标准，全称是 Microsoft 设备独立位图（Device Independent Bitmap，DIB），也称位图（bitmap），现已成为较流行的常用图像格式。位图文件由 3 部分组成：位图头部分、位图信息部分、位图数据部分。位图头部分定义了位图文件的类型、位图文件的占用存储大小、位图文件的数据起始位置等基础信息，用于位图文件的解析。位图信息部分定义了图像的水平宽度、垂直高度、水平分辨率、垂直分辨率、位图颜色表等信息，主要用于图像显示阶段。位图数据部分按照从上到下、从左到右的方式对图像中的像素进行记录，保持图像中的每个位置的像素值。

2．JPEG 图像格式

JPEG（Joint Photographic Experts Group）是由国际标准化组织（ISO）旗下的联合专家小组提出的。该标准主要针对静止灰度图像或彩色图像的压缩，属于有损压缩编码方式。由于其对数字化照片和表达自然景观的色彩丰富的图片具有非常好的处理效果，已经是图像存储和传输的主流标准，目前大部分数字成像设备都支持这种格式。由于该标准针对的图像为压缩图像，所以在进行图像显示和处理中一般要经过压缩和解压过程。

3．GIF 图像格式

GIF（Graphics Interchange Format）图像是另外一种压缩图像标准，其主要目的是为了方便网络传输。GIF 格式图像中的像素用 8 位表示，所以最多只能存储 256 色，在灰度图像的呈现中表现效果较好。由于 GIF 文件中的图像数据均为压缩过的数据，且 GIF 文件可以同时存储多张图像，所以该格式常被用于动态图片的存储。

1.3.3　图像的基本属性

图像的基本属性包括：图像像素数量、图像分辨率、图像大小、图像颜色、图像深度、图像色调、图像饱和度、图像亮度、图像对比度、图像层次等。

1．图像像素数量

图像像素数量是指在位图图像的水平和垂直方向上包含的像素数量。单纯增加像素数量并不能提升图像的显示效果，图像的显示效果由像素数量和显示器的分辨率共同决定。

2．图像分辨率

图像分辨率是指图像在单位打印长度上分布的像素的数量，主要用以表征数字图像信息的密度，它决定了图像的清晰程度。在单位大小面积上，图像的分辨率越高，包含的像素点的数量越多，像素点越密集，数字图像的清晰度也就越高。

3．图像大小

图像大小决定了存储图像文件所需的存储空间，一般以字节（B）进行衡量，计算公式为：字节数 =（位图高×位图宽×图像深度）/ 8。从计算公式可以看出，图像文件的存储大小与像素数目直接相关。

4．图像颜色

图像颜色是指数字图像中具有的最多数量的可能颜色种类，通过改变红、绿、蓝三原色的比例，可以非常容易地混合成任意一种颜色。

5．图像深度

图像深度又称为图像的位深，是指图像中每个像素点所占的位数。图像的每个像素对应的数据通常可以用 1 位或多位字节表示，数据深度越深，所需位数越多，对应的颜色表示也就越丰富。

6. 图像色调

图像色调指各种图像颜色对应原色的明暗程度（如 RGB 格式的数字图像的原色包括红、绿、蓝 3 种），日常所说的色调的调整也就是对原色的明暗程度的调节。色调的范围为 0～255，总共包括 256 种色调，如最简单的灰度图像将色调划分为从白色到黑色的 256 个色调。RGB 图像中则需要对红、绿、蓝 3 种颜色的明暗程度进行表征，如将红色调加深图像就趋向于深红，将绿色调加深图像就趋向于深绿。

7. 图像饱和度

图像饱和度表明了图像中颜色的纯度。自然景物照片的饱和度取决于物体反射或投射的特性。在数字图像处理中一般用纯色中混入白光的比例衡量饱和度，纯色中混入的白光越多，饱和度越低，反之饱和度越高。

8. 图像亮度

图像亮度是指数字图像中包含色彩的明暗程度，是人眼对物体本身明暗程度的感觉，取值范围一般为 0%～100%。

9. 图像对比度

图像对比度指的是图像中不同颜色的对比或者明暗程度的对比。对比度越大，颜色之间的亮度差异越大或者黑白差异越大。例如，增加一幅灰度图像的对比度，会使得图像的黑白差异更加鲜明，图像显得更锐利。当对比度增加到极限时，灰度图像就会变成黑白两色图像。

10. 图像层次

在计算机设计系统中，为更加便捷有效地处理图像素材，通常将它们置于不同的层中，而图像可看作由若干层图像叠加而成。利用图像处理软件，可对每层进行单独处理，而不影响其他层的图像内容。新建一个图像文件时，系统会自动为其建立一个背景层，该层相当于一块画布，可在上面做一些其他图像处理工作。若一个图像有多个图层，则每个图层均具有相同的像素、通道数及格式。

1.3.4 图像可视化模块

本节介绍如何使用 Python 对图像进行可视化，使用的工具是 Python 3.7 和 skimage 工具包。skimage 的全称为 Scikit-Image，Scikit-Image 是基于 Python 的一款图像处理包，它将图片作为数组进行处理。它对 scipy.ndimage 进行了扩展，提供了更多的图片处理功能，由 scipy 社区开发和维护。与 Opencv 相比，skimage 更容易安装和使用，对像素的操作和图像整体的操作更符合科学计算要求，所以这里选择使用 skimage 作为图像可视化工具包。下面从 skimage 模块结构、图像读取、图像显示、图像基本操作几个方面对 skimage 使用进行简单介绍。

1. skimage 模块结构

在 Python 中要使用某个模块，需要首先对模块进行导入。导入可以通过以下语句进行。

```
from skimage import data
```

skimage 中包含若干功能模块，覆盖了图像信号处理所需的绝大部分功能，并且很方便，在此基础上进行功能扩展和二次开发。skimage 主要模块及功能描述见表 1-1。

表 1-1   skimage 主要模块及功能描述

子模块	功能描述
io	读取、保存和显示图片或视频
data	提供一些测试图片和样本数据
color	颜色空间变换
filters	图像增强、边缘检测、排序滤波器、自动阈值等滤波器操作
draw	操作于 numpy 数组上的基本图形绘制，包括线条、矩形、圆和文本等
transform	几何变换或其他变换，如旋转、拉伸等
morphology	形态学操作，如开闭运算、骨架提取等
exposure	图片强度调整，如亮度调整、直方图均衡等
feature	特征检测与提取等模块
measure	图像属性的测量，如相似性或等高线
segmentation	图像分割
restoration	图像恢复
util	通用工具函数

导入 skimage 的基本模板的语句如下。

```
from skimage import 模块名
```

2. 图像读取

图像读取将图像从磁盘读入内存。skimage 通过 io 模块对图像文件进行读取，读入内存之后的图像放入一个 numpy 格式的数组内。例如，在当前目录下有一个名为 coffee.jpg 的图片，读入该图片的代码如下。

```
#导入对应模块
from skimage import io
#定义文件路径
file_name='coffee.jpg'
#将图片读入数组 image 内
image=io.imread(fname=file_name)
```

以上代码将文件名为 coffee.jpg 的图片读入内存，并存放在数组 image 内，其中 imread()函数用于文件的读取，其输入为图像路径，输出为一个名为 image 的 numpy 类型对象。可以通过对 image 进行操作，从而实现对图像的各种处理。

通过 numpy 类型对象的 shape 属性可以查看数组的形状，代码如下所示。

```
print(image.shape)
```

以上代码的输出结果为（400, 600, 3）。由此可见，所读入的图片大小为 400×600，包含红、绿、蓝 3 个颜色通道。

对图像进行显示的代码如下所示。

```
from matplotlib import pyplot as plt #导入绘图模块
plt.imshow(image)#进行图片绘制
plt.show()#显示绘制图像
```

3. 索引操作

通过索引操作可以选择数组内指定位置的元素。Python 语言中,一维数组索引下标的取值范围为[0~(数组元素个数-1)]。

索引包括单个元素索引和多个元素索引两种类型。单个元素索引指定要选择元素的确定行、列、通道位置,取出单个元素。一维数组单个元素索引操作可以通过数组名[索引位置]形式,取出对应位置元素。二维矩阵单个元素索引操作通过数组名[行索引 x,列索引 y]形式,取出矩阵第 x 行第 y 列元素。同理,三维数组元素索引方式为数组名[行索引 x,列索引 y,通道索引 z]形式。对一维、二维数组进行元素索引的示例代码如下。

```
import numpy as np            #导入 numpy 工具包
array=np.array([2,3,4,5,6])   #定义一维数组 array
print(array[0])               #打印第 0 个元素
print(array[1])               #打印第 1 个元素
#定义二维数组 array2
array2=np.array(
    [[1,2,3],
    [2,3,4],
    [4,5,6]]
)
print(array2[1,0])            #打印第 1 行,第 0 列元素
print(array2[1,2])            #打印第 1 行,第 2 列元素
```

多个元素索引可以一次取多个元素,一维数组多个元素索引通过数组名[索引起始位置:索引结束位置]形式取出从索引起始位置到索引结束位置的元素。二维数组多个元素索引通过数组名[起始行:结束行,起始列:结束列]形式取出开始行到结束行,起始列到结束列范围之间的元素。三维数组多个元素索引可通过数组名[起始行:结束行,起始列:结束列,起始通道:结束通道]形式取出起始行到结束行,起始列到结束列,起始通道到结束通道范围之间的元素。对一维、二维数组进行多个元素索引的示例代码如下。

```
import numpy as np            #导入 numpy 工具包
array=np.array([2,3,4,5,6])   #定义一维数组 array
print(array[0:3])             #打印第 0 个到第 3 个元素
#定义二维数组 array2
array2=np.array(
    [[1,2,3],
    [2,3,4],
    [4,5,6]]
)
```

```
print(array2[1:2,1:2])
```

代码运行结果为

```
[2 3 4]
[[3]]
```

从代码运行结果可以发现，多个元素索引时，索引区间是一个前闭后开区间，并不包含结束索引位置的元素。使用多个元素索引可以对图像进行裁剪操作，取出图像的第 20 到 200 行，第 30 到 200 列的子图像，并进行显示。使用多元素索引对图像进行裁剪的示例代码如下。

```
from skimage import data
from matplotlib import pyplot as plt
image=data.coffee()
image1=image[20:200,30:200,:]
plt.imshow(image1)
plt.show()
```

1.4 像素间的关系

像素间的关系主要对像素与像素之间的关联进行描述，基本关系包括像素间的邻域关系、连通性、像素之间的距离。

1. 邻域关系

邻域关系用于描述相邻像素之间的相邻关系，包括 4 邻域、8 邻域、D 邻域等类型。其中像素位置(x,y)的 4 邻域是$(x-1,y)$、$(x+1,y)$、$(x,y-1)$、$(x,y+1)$，分别对应像素位置(x,y)的上、下、左、右 4 个像素。一般用符号$N_4(x,y)$表示像素位置(x,y)的 4 邻域。如图 1-12（a）所示，深色部分表示像素(x,y)，浅色部分表示其 4 邻域，也可以称为边邻域。

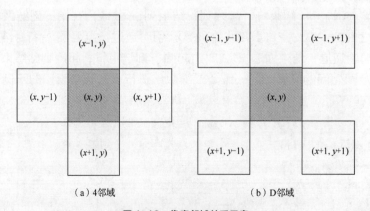

（a）4邻域　　　　　　　　　　　　（b）D邻域

图 1-12　像素邻域关系示意

像素的 D 邻域又可以称为像素的对角邻域。像素位置(x,y)的 D 邻域为$(x-1,y-1)$、$(x-1,y+1)$、$(x+1,y-1)$、$(x+1,y+1)$。一般使用符号$N_D(x,y)$表示位置(x,y)的 D 邻域，如图 1-12（b）所示，深色部分表示像素(x,y)，浅色部分表示其 D 邻域。8 邻域为 4 邻域和 D

邻域的合集，常用 $N_8(x,y)$ 表示。

2. 连通性

连通性是描述区域和边界的重要概念。两个像素连通的必要条件是：两个像素的位置满足相邻关系且两个像素的灰度值满足特定的相似性准则。像素间的连通性可分为 4 连通、8 连通和 m 连通。如果像素 q 在像素 p 的 4 邻域内，则像素 p 和像素 q 是 4 连通的。如果像素 q 在像素 p 的 8 邻域内，则像素 p 和像素 q 是 8 连通的。m 连通又称为混合连通，像素 p 与像素 q 的 m 连通需要满足以下两个条件：①像素 p 和像素 q 具有相同的像素响应值 V；②像素 q 在像素 p 的 4 邻域内。若像素 q 在像素 p 的 D 邻域内，则要求像素 p 和像素 q 的 4 邻域的交集为空（没有响应值为 V 的元素）。

3. 像素之间的距离

对于像素 p、q 和 z，坐标分别为 (x,y)、(s,t) 和 (u,v)，如果函数 D 满足距离三要素，即①非负性，$D(p,q) \geqslant 0$，当且仅当 $p=q$ 时，$D(p,q)=0$；②对称性，$D(p,q)=D(q,p)$；③三角不等式，$D(p,z) \leqslant D(p,q)+D(q,p)$；则称函数 D 为有效距离函数或度量。常用的像素间距离度量包括欧式距离、D_4 距离（城市距离）及 D_8 距离（棋盘距离）。

像素 p 与像素 q 的欧式距离定义如下：

$$D_e = \sqrt{(x-s)^2+(y-t)^2} \tag{1-4}$$

与像素 p 的欧式距离小于某一阈值 r 的像素形成一个以像素 p 为中心的圆。

像素 p 与像素 q 的 D_4 距离定义如下：

$$D_4 = |x-s|+|y-t| \tag{1-5}$$

与像素 p 的 D_4 距离小于某一阈值 r 的像素形成一个以像素 p 为中心的菱形。

像素 p 与像素 q 的 D_8 距离定义如下：

$$D_8 = \max(|x-s|,|y-t|) \tag{1-6}$$

与像素 p 的 D_4 距离小于某一阈值 r 的像素形成一个以像素 p 为中心的正方形。

1.5 简单图像处理

数字图像的本质是一个多维矩阵。数字图像处理的本质是对多维矩阵的操作。按照处理对象的不同，可将数字图像处理分为黑白图像处理、灰度图像处理、彩色图像处理。按照处理方法进行划分，可将数字图像处理分为空间域处理与频域处理。按照处理策略不同，数字图像处理又可分为全局处理与局部处理。

数字图像处理的一般步骤如图 1-13 所示。

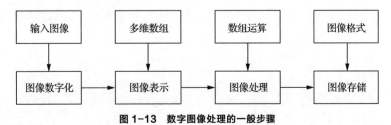

图 1-13　数字图像处理的一般步骤

本节介绍一些最基本的图像处理操作与运算，通过本节的学习及代码练习，希望能够带领读者了解数字图像处理的基本思路。

1.5.1 图像基本属性的操作

数字图像的基本属性包括亮度、对比度、颜色通道等。在数字图像处理中，这些属性操作都可以通过矩阵操作体现。可以通过对图像矩阵的运算，达到对图像基本属性进行操作的目的。

1. 亮度操作

亮度也称为灰度，它是颜色的明暗变化范围，常用 0%～100%（由黑到白）表示。一般数字图像的像素亮度为 0～255，可以通过对像素构成矩阵的灰度值进行操作，达到调整图像亮度的目的。图像亮度调节可以采用最简单的图像处理算法，通过常见的线性运算即可完成亮度调节，如所有像素点亮度值乘以或者加一个增强系数，使得图像整体变亮或者变暗。

2. 对比度操作

对比度指的是图像暗和亮的落差值，即图像最大灰度级和最小灰度级之间的差值。对于数字图像变换，设原像素灰度为 $f(i,j)$，转化后的像素灰度为 $g(i,j)$，则常用的线性变换是 $g(i,j)=\alpha \times f(i,j)+\beta$，其中系数 α 影响图像的对比度，系数 β 影响图像的亮度，具体如下：

（1）$\alpha=1$ 时是原图；

（2）$\alpha>1$ 时对比度增强，图像看起来更加清晰；

（3）$\alpha<1$ 时对比度减弱，图像看起来变暗；

（4）β 影响图像的亮度，随着增加 β（$\beta>0$）和减小 β（$\beta>0$），图像整体的灰度值上移或者下移，也就是图像整体变亮或者变暗，不会改变图像的对比度。针对彩色图像，亮度、对比度改变的 Python 代码如下。

```python
#针对彩色图像进行操作
#定义改变对比度函数
def change_alpha(im, a):
    im_changed = np.zeros(shape=im.shape,dtype='uint8')
    for i in range(im.shape[0]):
        for j in range(im.shape[1]):
            for k in range(im.shape[2]):
                if im[i, j, k]*a > 255:
                    im_changed[i, j, k] = 255
                elif im[i, j, k]*a < 0:
                    im_changed[i, j, k] = 0
                else:
                    im_changed[i, j, k] = im[i, j, k]*a
    return im_changed
```

数字图像处理与 Python 实现

20

图像对比度调整效果图如图 1-14 所示。

图 1-14　图像对比度调整效果图

3. 颜色通道操作

数字图像的本质是一个多维矩阵，如彩色图像是一个三维矩阵，灰度图像和黑白图像由二维矩阵表示。彩色图像一般可分为红、绿、蓝 3 个颜色通道，每个颜色通道对应一个完整的二维矩阵。可以对这 3 个二维矩阵进行操作，达到操作图像通道的目的。对图像 3 个颜色通道进行分离的代码如下。图像显示结果如图 1-2 所示。

```
from skimage import data,io
from matplotlib import pyplot as plt
#读入图像
image=data.coffee()
#分别取出红、绿、蓝 3 个颜色通道
image_r=image[:,:,0]
image_g=image[:,:,1]
image_b=image[:,:,2]
#分别展示 3 个通道
plt.subplot(2,2,1)
io.imshow(image)
plt.subplot(2,2,2)
io.imshow(image_r)
plt.subplot(2,2,3)
io.imshow(image_g)
plt.subplot(2,2,4)
io.imshow(image_b)
```

```
plt.show()
```

现在我们拥有 3 个颜色通道图像，可以尝试互换 3 个颜色通道，如将图像的红色通道与蓝色通道互换，代码如下，结果如图 1-15 所示。

```
from skimage import data,io
from matplotlib import pyplot as plt
#读入图像
image=data.coffee()
#分别取出红、绿、蓝 3 个颜色通道
image_r=image[:,:,0]
image_g=image[:,:,1]
image_b=image[:,:,2]
#红色和蓝色互换
temp=image_r
image_r=image_b
image_b=temp
#将互换后的通道颜色重新赋值给图像
image[:,:,0]=image_r
image[:,:,2]=image_b
#图像显示
plt.imshow(image)
plt.show()
```

图 1-15　图像红、蓝颜色通道互换

读者可以修改以上代码，尝试对图像通道做更多的操作。通过本小节的内容可以发现，对数字图像进行的处理本质上是对其多维矩阵进行的操作。

1.5.2　图像的简单运算

图像运算是以图像为单位对图像进行的数学操作，是数字图像信号处理的基础，运算对象以像素点为基本单位，运算结果为一幅灰度分布与原图像不同的新图像。图像的简单运算包括算术运算和逻辑运算。常见的算术运算包括点运算、幂运算、直方图运算等。

1. 算术运算和逻辑运算

算术运算和逻辑运算中每次只涉及一个空间像素的位置，所以可以"原地"操作，即在(x,y)位置做一个算术运算或逻辑运算的结果可以存在其中一个图像的相应位置，因为那个位置在其后的运算中不会再使用。换言之，设对两幅图像$f(x,y)$和$h(x,y)$的算术运算或逻辑运算结果是$g(x,y)$，则可直接将$g(x,y)$覆盖$f(x,y)$或$h(x,y)$，即从原存放输入图像的空间直接得到输出图像。典型的运算包括图像的加法、图像的减法。两幅灰度图像的加减法示例代码如下，运算结果如图1-16所示。

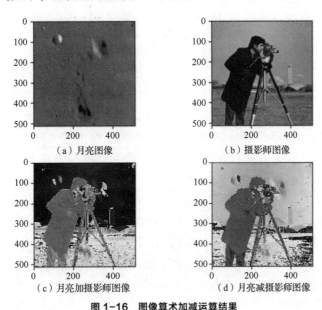

（a）月亮图像 （b）摄影师图像

（c）月亮加摄影师图像 （d）月亮减摄影师图像

图1-16　图像算术加减运算结果

```
from matplotlib.font_manager import FontProperties
font_set = FontProperties(fname=r"c:\windows\fonts\simsun.ttc",
size=12)
from skimage import data
from matplotlib import pyplot as plt
moon=data.moon()
camera=data.camera()
image_minus=moon-camera
image_plus=moon+camera
plt.set_cmap(cmap='gray')
plt.subplot(2,2,1)
plt.title('月亮图像',fontproperties=font_set)
plt.imshow(moon)
plt.subplot(2,2,2)
plt.title('摄影师图像',fontproperties=font_set)
plt.imshow(camera)
plt.subplot(2,2,3)
```

```
plt.title('月亮加摄影师图像',fontproperties=font_set)
plt.imshow(image_plus)
plt.subplot(2,2,4)
plt.title('月亮减摄影师图像',fontproperties=font_set)
plt.imshow(image_minus)
plt.show()
```

2. 点运算

点运算只涉及一幅原图像（称为输入图像），运算对象是输入图像像素的灰度值，即输出图像每个像素的灰度值仅取决于输入图像中对应像素的灰度值。点运算具有两个特点：其一，根据某种预先设置的规则，将输入图像各个像素本身的灰度（和该像素邻域内其他像素的灰度无关）逐一转换成输出图像对应像素的灰度值；其二，点运算不会改变像素的空间位置。因此，点运算也被称为灰度变换。前一小节讲述的亮度及对比度变换属于点运算的范畴。点运算产生的输出图像的每个灰度值仅由对应的输入像素点的值确定，因此点运算不会改变图像内的空间关系。若输入图像为 $A(x,y)$，输出图像为 $B(x,y)$，则点运算表示为 $B(x,y)=TA(x,y)$。

点运算又可以分为线性点运算和非线性点运算。线性点运算的原值和目标值通过线性方程完成转换，典型的如对比度灰度调整、图像反色都属于线性点运算。非线性点运算对应非线性映射函数，典型的映射包括平方函数、对数函数、截取（窗口函数）、阈值函数、多值量化函数等。灰度幂次变换、灰度对数变换、阈值化处理、直方图均衡化是较常见的非线性点运算方法。

幂次变换又称伽马变换，数学形式为 $t=c \times s^{\gamma}$，其中 c 和 γ 是正常数，s 代表源图像像素值，t 表示变换后的像素值。$\gamma < 1$ 提高灰度级，在正比函数上方，使图像变亮。$\gamma > 1$ 降低灰度级，在正比函数下方，使图像变暗。当 $c=1$ 时，不同的 γ 值对应的幂次变换函数如图 1-17 所示。

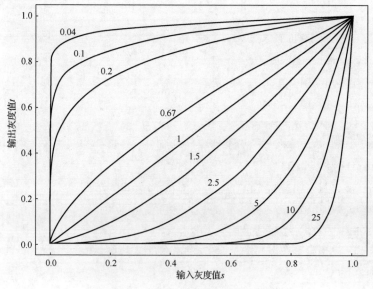

图 1-17 不同的 γ 值对应的幂次变换函数

skimage 的 exposure 模块中包含幂次变换的函数 adjust_gamma，可以对图像进行幂次变换，结果如图 1-18 所示。幂次变换为非线性变换，可以看到图像中某些部分可以通过幂次变换凸显出来。

```python
from skimage import data,io,exposure
from matplotlib import pyplot as plt
#读入图像
image=data.coffee()
#分别计算 gamma=0.2,0.67,25 时的图像
image_1=exposure.adjust_gamma(image,0.2)
image_2=exposure.adjust_gamma(image,0.67)
image_3=exposure.adjust_gamma(image,25)
#分别展示原图及结果图像
plt.subplot(2,2,1)
plt.title('gamma=1')
io.imshow(image)
plt.subplot(2,2,2)
plt.title('gamma=0.2')
io.imshow(image_1)
plt.subplot(2,2,3)
plt.title('gamma=0.67')
io.imshow(image_2)
plt.subplot(2,2,4)
plt.title('gamma=25')
io.imshow(image_3)
plt.show()
```

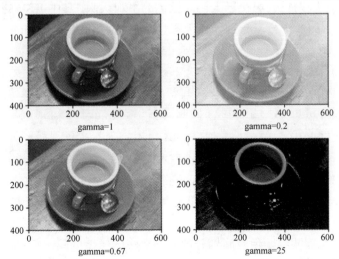

图 1-18　不同 gamma 值情况下的幂次变换效果

3. 图像直方图

直方图中的数值都是统计出来的，描述了该图像中关于颜色的数量特征，可以反映

颜色的统计分布和基本色调。直方图只包含该图像中某一颜色值出现的频数，而丢失了某像素所在的空间位置信息；任一幅图像都能唯一地给出一幅与它对应的直方图，但不同的图像可能有相同的颜色分布，从而就具有相同的直方图，因此直方图与图像是一对多的关系；如将图像划分为若干个子区域，所有子区域的直方图之和等于全图直方图；一般情况下，由于图像上的背景和前景物体颜色分布明显不同，从而在直方图上会出现双峰特性，但背景和前景颜色较为接近的图像不具有这个特性。

颜色直方图又可以分为三类：全局直方图、累加直方图、主色调直方图。

（1）全局直方图：反映的是图像中颜色的组成分布，即出现了哪些颜色以及各种颜色出现的概率。其对图像的旋转、平移、缩放和图像质量变化不敏感，比较适合于检索图像的全局颜色相似性，即通过比较颜色直方图的差异衡量两幅图像在颜色全局分布上的差异。

（2）累加直方图：当图像中的特征并不能取遍所有可取值时，统计直方图中会出现一些零值。这些零值的出现会对相似性度量的计算带来影响，从而使得相似性度量并不能正确反映图像之间的颜色差别。所以，在全局直方图的基础上使用累加颜色直方图。在累加直方图中，相邻颜色在频数上是相关的。虽然累加直方图的存储量和计算量有很小的增加，但是累加直方图消除了一般直方图中常见的零值，也克服了一般直方图量化过细、过粗检索效果都会下降的缺陷。

（3）主色调直方图：因一幅图像中，往往少数几种颜色就涵盖了图像的大多数像素，而且不同颜色在图像中的出现概率是不同的，可以通过统计图像中各种颜色出现的概率选出最频繁出现的几种颜色作为主色。使用主色并不会降低颜色匹配的效果，因为颜色直方图中出现频率很低的那些颜色往往不是图像的主要内容，从某种程度上讲，是对图像内容表示的一种噪声。

颜色直方图可以是基于不同的颜色空间和坐标系。最常用的颜色空间是 RGB 颜色空间，原因在于大部分数字图像都是用这种颜色空间表达的。然而，RGB 空间结构并不符合人们对颜色相似性的主观判断。因此，有人提出了基于 HSV 空间、Luv 空间和 Lab 空间的颜色直方图，因为它们更接近人们对颜色的主观认识。其中 HSV 空间是直方图最常用的颜色空间。它的 3 个分量分别代表色彩（Hue）、饱和度（Saturation）和值（Value）。

```
from skimage import exposure,data
image =data.coffee()
#计算直方图
hist_r=exposure.histogram(image[:,:,0],nbins=256)
hist_g=exposure.histogram(image[:,:,1],nbins=256)
hist_b=exposure.histogram(image[:,:,2],nbins=256)
```

如上代码给出了使用 skimage 的 exposure 的 histogram() 函数计算直方图的方法，并在图 1-19 中给出颜色直方图可视化结果。大家可以尝试修改程序，计算 HSV 及其他颜色表示的颜色直方图。

计算颜色直方图需要将颜色空间划分成若干个小的颜色区间，每个小区间成为直方图的一个 bin。这个过程称为颜色量化（color quantization）。然后，通过计算颜色落在每个小区间内的像素数量可以得到颜色直方图。设一幅彩色图像包含 N 个像素，图像的颜色空间被量化为 L 种不同的颜色，则颜色直方图可通过式（1-7）计算。

$$H = \left\{ h[1], h[2], \cdots, h[L] \right\} \qquad (1\text{-}7)$$

其中

$$h[k] = n_k / N, \ \ k = 1, 2, \cdots, L$$

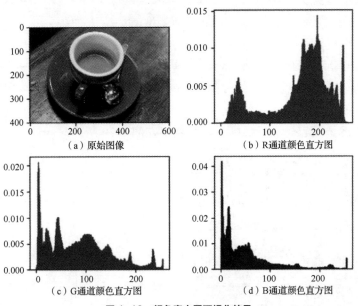

（a）原始图像　　　　　　　　　　（b）R通道颜色直方图

（c）G通道颜色直方图　　　　　　　（d）B通道颜色直方图

图 1-19　颜色直方图可视化结果

n_k 表示第 k 种颜色对应的像素数量。

　　直方图在图像处理中的常见应用包括：直方图均衡化、直方图拉伸及直方图匹配。直方图均衡化是通过使用累积函数对灰度值进行"调整"，以实现对比度的增强。直方图均衡化处理的"中心思想"是把原始图像的灰度直方图从比较集中的某个灰度区间变成在全部灰度范围内的均匀分布。直方图均衡化就是对图像进行非线性拉伸，重新分配图像像素值，使一定灰度范围内的像素数量大致相同。直方图拉伸的主要作用是将灰度间隔小的图像的灰度间隔扩大，以便于观察图像。直方图拉伸是通过对比度拉伸对直方图进行调整，从而"扩大"前景和背景灰度的差别，以达到增强对比度的目的。直方图匹配又称为直方图规定化，是指把原图像的直方图变换为某种指定形态的直方图或某一种参考图像的直方图，然后按照已知直方图调整原图像各个像元的灰度值，最后得到一幅直方图匹配的图像。直方图均衡化的代码如下。

```python
from skimage import data,exposure
import matplotlib.pyplot as plt
img=data.moon()
plt.figure("hist",figsize=(8,8))
arr=img.flatten()
plt.subplot(221)
plt.imshow(img,plt.cm.gray)    #原始图像
plt.subplot(222)
plt.hist(arr, bins=256, normed=1,edgecolor='None',facecolor='red')
```

```
#原始图像直方图
img1=exposure.equalize_hist(img)
arr1=img1.flatten()
plt.subplot(223)
plt.imshow(img1,plt.cm.gray)   #均衡化图像
plt.subplot(224)
plt.hist(arr1, bins=256, normed=1,edgecolor='None',facecolor= 'red')
#均衡化直方图
plt.show()
```

均衡化后的图像更容易进行目标分辨，结果如图 1-20 所示。

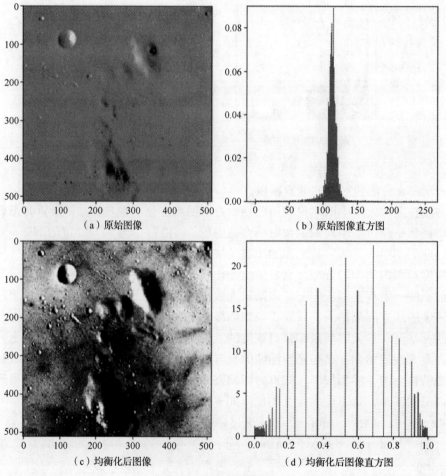

（a）原始图像   （b）原始图像直方图

（c）均衡化后图像   （d）均衡化后图像直方图

图 1-20　直方图均衡化

1.5.3　图像卷积操作

图像卷积操作是图像空间域滤波的基础运算，也是当前许多深度特征提取算法的基础。卷积操作就是循环将图像和卷积核逐个元素相乘再求和，结果得到卷积后图像的过程。如图 1-21 所示，一幅 6×6 的图像使用 1 个 3×3 的卷积核进行卷积操作，结果得到一

个 4×4 的卷积图像。

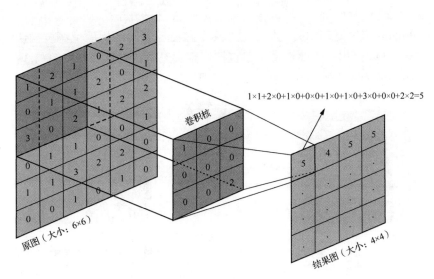

1×1+2×0+1×0+0×0+1×0+1×0+3×0+0×0+2×2=5

卷积核

原图（大小：6×6）

结果图（大小：4×4）

图 1-21　图像卷积操作示意

假设卷积核使用 *K* 表示，大小为(*m*×*n*)；原始图像表示为 *S*，大小为(*M*×*N*)；结果图像表示为 *T*，则卷积操作公式如下。

$$T(x, y) = \sum_{i=-a}^{a} \sum_{j=-b}^{b} K(i,j) \times S(x+i, y+j) \qquad (1-8)$$

其中 *m*=2×*a*+1，*n*=2×*b*+1。

卷积操作中，卷积核在原始图像上做从上到下、从左到右的滑动扫描，每次扫描使用卷积核与其扫描覆盖区域图像做一次卷积运算，然后再移动到下一个位置进行下一次扫描，直到扫描完毕。卷积操作 Python 代码如下。

```python
def matrix_conv(arr, kernel):
    n = len(kernel)
    ans = 0
    for i in range(n):
        for j in range(n):
            ans += arr[i,j]*float(kernel[i,j])
    return ans
def conv2d(img, kernel):
    n = len(kernel)
    img1 = np.zeros((img.shape[0]+2*(n-1),img.shape[1]+2*(n-1)))
    img1[(n-1):(n+img.shape[0]-1),(n-1):(n+img.shape[1]-1)] = img
    img2 = np.zeros((img1.shape[0]-n+1,img1.shape[1]-n+1))
    for i in range(img1.shape[0]-n+1):
        for j in range(img1.shape[1]-n+1):
            temp = img1[i:i+n,j:j+n]
            img2[i,j] = matrix_conv(temp, kernel)
```

```
new_img = img2[(n-1):(n+img.shape[0]-1),(n-1):(n+img.shape[1]-1)]
return new_img
```

大部分 Python 图像处理相关包均将卷积函数集成到其特征提取或滤波模块中,并对卷积操作进行了许多优化,因此读者可以直接调用,无须自己实现。图像与 3×3 卷积核以及 7×7 卷积核进行卷积操作的结果如图 1-22 所示。

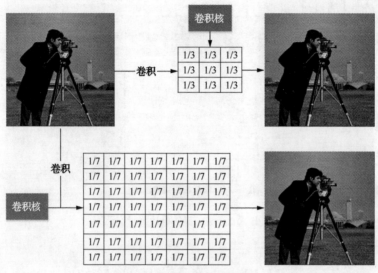

图 1-22　卷积过程及卷积效果

后续章节中会引入更加丰富的卷积核,现在大家可以尝试更改卷积核的大小,尝试不同卷积操作对图像的影响。

1.6　小结

本章简要介绍了数字图像处理的基本概念,介绍了基于 Python 进行数字图像处理的简单语法,对数字图像处理中遇到的一些基本操作及运算进行了简单的实现。

1.7　本章练习

1. 尝试使用 Python 实现灰度图像的反色运算。反色运算的基本公式为:

$$T(x, y) = 255 - S(x, y)$$

其中 T 代表反色后的图像,S 代表源图像。

2. 幂次运算的对应操作为对数运算,请查阅 skimage 中对数运算对应的处理函数,并总结对数运算遵循的规律。

3. 为什么说数字图像处理相对于模拟图像处理,处理精度反而更高?

4. 请列举几种常用的卷积核,并说明其主要作用。

彩色图像处理初步

02
chapter

对于单色（灰度）图像而言，其每个像素的亮度用一个数值表示即可；而彩色图像的每个像素包含了颜色信息，每个像素的光强度和色度须用 3 个数值描述。研究彩色图像处理的主要原因有：第一，彩色图像符合人类视觉特点，人类可以辨别几千种颜色色调和亮度，但却只能辨别几十种灰度层次；第二，彩色可以更好地表达图像的特征，可根据图像的颜色特征简化目标物的区分与识别。

本章将针对彩色图像的颜色空间、伪彩色图像处理、基于彩色的图像分割、彩色图像灰度化展开讨论，重点讲解彩色图像的表示以及初步的彩色图像处理。

彩色图像的颜色空间也称为颜色模型或彩色系统，用于对颜色进行描述和说明。常用的颜色空间包括 RGB 颜色空间和 HSI 颜色空间。本节将对 RGB 颜色空间和 HSI 颜色空间进行简要介绍。

2.1.1 RGB 颜色空间

白光通过玻璃棱镜会出现紫色到红色的连续彩色谱。光由多种色谱构成，在颜色空间中理论上可以选取多种颜色。人眼中有大量对红、绿、蓝 3 种颜色敏感的锥状体细胞，因此，我们常用红色（Red，R）、绿色（Green，G）、蓝色（Blue，B）组成的 RGB 颜色空间表达彩色图像的信息。这 3 种原色的混合色基本覆盖了人类的色彩空间，从而满足了人类的色彩体验。面向硬件设备的 RGB 颜色空间主要用于电视机、计算机等电子系统感知、表示和显示图像。例如，电视机通常使用红、绿、蓝三原色混合的加色，每种原色都会刺激眼睛的 3 种颜色受体中的一种。

RGB 颜色空间基于三维直角坐标系，包括 R、G、B 3 个原始光谱分量，如图 2-1 所示。RGB 颜色空间中的 R、G、B 3 个分量的值分别描述了红色、绿色、蓝色的亮度值。为了方便描述，我们将 3 个分量都进行归一化处理，使得三元组中的每个数值均表示红色、绿色、蓝色三者的比例。在图 2-1 中，原点（0,0,0）代表黑色，点（1,1,1）代表白色，点（1,0,0）代表红色（R），点（0,1,0）代表绿色（G），点（0,0,1）代表蓝色（B）。

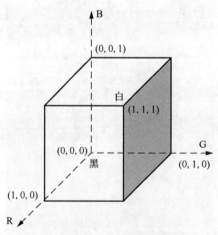

图 2-1 RGB 颜色空间

RGB 图像由 3 个图像分量组成，分别是 R 通道图像、G 通道图像和 B 通道图像。显示 RGB 图像以及 R、G、B 3 个通道的灰度图像的代码如下。

```
from skimage import data
from matplotlib import pyplot as plt
image = data.coffee()              #载入咖啡图像
fig = plt.figure()
```

```
#显示 RGB 图像
plt.figure()
plt.axis('off')                      #不显示坐标轴
plt.imshow(image)                    #显示 RGB 彩色图像
#R 通道图像
imageR = image[:, :, 0]
plt.figure()
plt.axis('off')
plt.imshow(imageR, cmap='gray')      #显示 R 通道图像
#G 通道图像
imageG = image[:, :, 1]
plt.figure()
plt.axis('off')
plt.imshow(imageG, cmap='gray')      #显示 G 通道图像
#B 通道图像
imageB = image[:, :, 2]
plt.figure()
plt.axis('off')
plt.imshow(imageB, cmap='gray')      #显示 B 通道图像
```

RGB 图像和 R、G、B 通道图像如图 2-2 所示。图 2-2（a）为 Python 的 skimage 库中的 coffee 彩色图像的显示结果。图 2-2（b）、图 2-2（c）、图 2-2（d）分别为 coffee 彩色图像的 R 分量、G 分量和 B 分量的显示结果。

（a）RGB 图像

（b）R 通道图像

（c）G 通道图像

（d）B 通道图像

图 2-2　RGB 图像和 R、G、B 通道图像

2.1.2 HSI 颜色空间

当描述物体颜色时，我们也常用 HSI 颜色空间，旨在接近人类视觉感知颜色的方式。HSI 颜色空间包含 3 个分量，分别是色调（Hue，H）、饱和度（Saturation，S）和亮度（Intensity，I），如图 2-3 所示。HSI 颜色空间圆柱体的横截面称为色环，色环更加清晰地展示了色调和饱和度两个参数，如图 2-4 所示。色调 H 由角度表示，其反映了该颜色最接近哪个光谱波长。在色环中，0° 表示红色光谱，120° 表示绿色光谱，240° 表示蓝色光谱。饱和度 S 由色环的圆心到颜色点的半径表示，距离越长表示饱和度越高，颜色越鲜明。在图 2-3 中，亮度 I 由颜色点到圆柱底部的距离表示。在 HSI 颜色空间圆柱体中，圆柱体底部圆心表示黑色，顶部圆心表示白色。

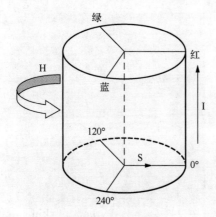

图 2-3 HSI 颜色空间

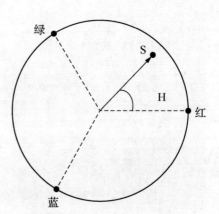

图 2-4 HSI 颜色空间中的色环

2.1.3 RGB 颜色空间与 HSI 颜色空间之间的转换

1. RGB 颜色空间转换到 HSI 颜色空间

给定一幅 RGB 颜色空间格式的图像，将图像的 R 分量、G 分量、B 分量分别进行归一化处理。在 RGB 颜色空间中，位于空间位置(x,y)的像素点的颜色用该像素点的 R 分量 $R(x,y)$、G 分量 $G(x,y)$和 B 分量 $B(x,y)$ 3 个数值表示。在 HSI 颜色空间中，位于空间位置(x,y)的像素点的 H 分量 $H(x,y)$、S 分量 $S(x,y)$、I 分量 $I(x,y)$可分别由式（2-1）～式（2-3）计算得到。

$$H(x,y) = \begin{cases} \theta(x,y) & G(x,y) \geqslant B(x,y) \\ 2\pi - \theta(x,y) & G(x,y) < B(x,y) \end{cases} \tag{2-1}$$

$$S(x,y) = 1 - \frac{3}{R(x,y)+G(x,y)+B(x,y)}\big[\min(R(x,y),G(x,y),B(x,y))\big] \tag{2-2}$$

$$I(x,y) = \frac{1}{3}\big[R(x,y)+G(x,y)+B(x,y)\big] \tag{2-3}$$

其中

$$\theta(x,y) = \arccos\left\{ \frac{\frac{1}{2}\big[(R(x,y)-G(x,y))+(R(x,y)-B(x,y))\big]}{\Big[(R(x,y)-G(x,y))^2+(R(x,y)-B(x,y))(G(x,y)-B(x,y))\Big]^{\frac{1}{2}}} \right\}$$

转换 RGB 图像为 HSI 图像的代码如下。

```python
from skimage import data
from matplotlib import pyplot as plt
import math
import numpy as np
import sys
#定义 RGB 图像转换为 HSI 图像的函数
def rgb2hsi(r,g,b):
    r=r/255
    g=g/255
    b=b/255
    num=0.5*((r-g)+(r-b))
    den=((r-g)*(r-g)+(r-b)*(g-b))**0.5
    if b<=g:
        if den == 0:
            den = sys.float_info.min
        h=math.acos(num/den)
    elif b>g:
        if den == 0:
            den = sys.float_info.min
        h=(2*math.pi)-math.acos(num/den)
    s=1-(3*min(r,g,b)/(r+g+b))
    i=(r+g+b)/3
    return int(h),int(s*100),int(i*255)
image = data.imread('flower.jpg')
hsi_image=np.zeros(image.shape,dtype='uint8')
for ii in range(image.shape[0]):
    for jj in range(image.shape[1]):
        r,g,b=image[ii,jj,:]
        h,s,i=rgb2hsi(r,g,b)
        hsi_image[ii,jj,:]=(h,s,i)
plt.figure()
plt.axis('off')
plt.imshow(image)                              #显示 RGB 原图像
plt.figure()
plt.axis('off')
plt.imshow(image[:, :, 0], cmap='gray')        #显示 R 分量图像
plt.figure()
plt.axis('off')
plt.imshow(hsi_image[:,:,0], cmap='gray')      #显示 H 分量图像
```

```
plt.figure()
plt.axis('off')
plt.imshow(hsi_image[:,:,1], cmap='gray')      #显示 S 分量图像
plt.figure()
plt.axis('off')
plt.imshow(hsi_image[:,:,2],cmap='gray')       #显示 I 分量图像
```

RGB 图像转换为 HSI 图像的显示结果如图 2-5 所示。图 2-5（a）为原始的 RGB 图像的显示结果，图 2-5（b）为原始 RGB 图像的 R 分量图像。HSI 图像的 H 分量、S 分量和 I 分量分别如图 2-5（c）、图 2-5（d）、图 2-5（e）所示。

（a）RGB 图像　　　　　　　　（b）R 分量图像　　　　　　　　（c）H 分量图像

（d）S 分量图像　　　　　　　　（e）I 分量图像

图 2-5　RGB 图像转换为 HSI 图像的显示结果

2. HSI 颜色空间转换到 RGB 颜色空间

在 HSI 颜色空间中，假设图像的 S 分量和 I 分量的值在[0,1]区间内，位于空间位置 (x,y) 的像素点的颜色用该像素点的 H 分量 $H(x,y)$、S 分量 $S(x,y)$、I 分量 $I(x,y)$ 3 个数值表示，则在 RGB 颜色空间中，位于空间位置 (x,y) 的像素点的 R 分量 $R(x,y)$、G 分量 $G(x,y)$ 和 B 分量 $B(x,y)$ 可分别由以下公式计算得到。

（1）当 $H(x,y) \in [0°,120°)$ 时，转换公式为：

$$R(x,y) = I(x,y)\left[1+\frac{S(x,y)\cos(H(x,y))}{\cos(60°-H(x,y))}\right] \tag{2-4}$$

$$B(x,y) = I(x,y)(1-S(x,y)) \tag{2-5}$$

$$G(x,y) = 3I(x,y)-(B(x,y)+R(x,y)) \tag{2-6}$$

（2）当 $H(x,y) \in [120°,240°)$ 时，转换公式为：

$$R(x,y) = I(x,y)(1-S(x,y)) \tag{2-7}$$

$$G(x,y) = I(x,y)\left[1+\frac{S(x,y)\cos(H(x,y)-120°)}{\cos(180°-H(x,y))}\right] \tag{2-8}$$

$$B(x,y) = 3I(x,y)-(R(x,y)+G(x,y)) \tag{2-9}$$

（3）当 $H(x,y) \in [240°,360°)$ 时，转换公式为：

$$B(x,y) = I(x,y)\left[1+\frac{S(x,y)\cos(H(x,y)-240°)}{\cos(300°-H(x,y))}\right] \tag{2-10}$$

$$R(x,y) = 3I(x,y)-(G(x,y)+B(x,y)) \tag{2-11}$$

$$G(x,y) = I(x,y)(1-S(x,y)) \tag{2-12}$$

2.2 伪彩色图像处理

彩色图像处理可分为全彩色图像处理和伪彩色图像处理。全彩色图像由全彩色传感器获取，如数码相机、数码摄像机和彩色扫描仪均可以获取全彩色图像。全彩色图像处理方法分为两大类：①分别处理每一分量图像，然后将处理后的分量图像合成彩色图像；②直接对彩色像素进行处理。伪彩色图像处理也称为假彩色图像处理，其根据一定的准则对灰度值赋以彩色，将灰度图像转换为给定彩色分布的图像。由于人类可以辨别上千种颜色和强度，却只能辨别几十种灰度，因此进行伪彩色图像处理可以增强人眼对细节的分辨能力，帮助人们更好地观察和分析图像。伪彩色图像处理主要包括强度分层技术和灰度值到彩色变换技术，这也是本节将要详细讨论的内容。

2.2.1 强度分层

强度分层也称为灰度分层或灰度分割。将灰度图像按照灰度值范围划分为不同的层级，然后给每个层级赋予不同的颜色，从而增强不同层级的对比度。强度分层技术将灰度图像转换为伪彩色图像，且伪彩色图像的颜色种类数目与强度分层的数目一致。

令 $f(x,y)$ 表示位于空间位置 (x,y) 处的像素的灰度值（强度），$[0,L]$ 表示图像灰度值范围，其中 0 代表黑色，L 代表白色。假定分割值为 $l_1,l_2,l_3,\cdots,l_M$（$0<l_1<l_2<l_3<\cdots<l_M<L$），则将图像灰度划分为 $M+1$ 个区间 $V_1,V_2,V_3,\cdots,V_M,V_{M+1}$。灰度值到彩色的映射关系为 $f(x,y)=c_k,f(x,y)\in V_k(k\in[1,M+1])$，其中 c_k 是与第 k 个灰度区间 V_k 有关的颜色。图 2-6 展示了强度分层技术的映射关系，从该图中可以发现灰度区间 $[0,l_1)$ 被映射为颜色 c_1，灰度区间 $[l_1,l_2)$ 被映射为颜色 c_2，灰度区间 $[l_{M-1},l_M)$ 被映射为颜色 c_M，灰度区间 $[l_M,L]$ 被映射为颜色 c_{M+1}。一种简单强度分层技术的示例代码如下。

```
from skimage import data,color
from matplotlib import pyplot as plt
import numpy as np
img = data.coffee()
grayimg = color.rgb2gray(img)          #将彩色图像转换为灰度图像
plt.figure()
plt.axis('off')
plt.imshow(grayimg, cmap = 'gray')     #显示灰度图像
rows, cols = grayimg.shape
labels = np.zeros([rows, cols])
for i in range(rows):
    for j in range(cols):
        if(grayimg[i, j] < 0.4):
            labels[i, j] = 0
        elif(grayimg[i, j] < 0.8):
```

```
            labels[i, j] = 1
        else:
            labels[i, j] = 2
psdimg = color.label2rgb(labels)  #不同的灰度区间采用不同的颜色
plt.figure()
plt.axis('off')
plt.imshow(psdimg)                        #显示强度分层图像
```

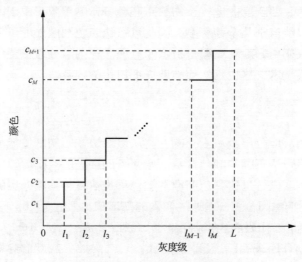

图 2-6   强度分层技术的映射关系

强度分层的显示结果如图 2-7 所示。图 2-7（a）显示了咖啡杯的灰度图像。咖啡杯的杯口是感兴趣区域。通过观察灰度图像，可以发现感兴趣区域的亮度值较高，此时可以通过强度分层技术对感兴趣区域进行着色，从而将感兴趣区域和其他区域加以区分。使用强度分层技术对咖啡杯的灰度图像进行着色所得的强度分层图像如图 2-7（b）所示。

（a）灰度图像   （b）强度分层图像

图 2-7   强度分层的显示结果

2.2.2 灰度值到彩色变换

灰度值到彩色变换首先是对任何像素的灰度值进行 3 个独立的变换，然后将 3 个变换结果分别作为伪彩色图像的红、绿、蓝通道的亮度值。与强度分层技术相比，灰度值到彩色变换技术更通用。灰度值到彩色变换技术的功能框图如图 2-8 所示。其中 $f(x,y)$

表示位于空间位置(x,y)处的像素的灰度值（强度），$f_R(x,y)$表示 $f(x,y)$经过红色变换后的结果，$f_G(x,y)$表示$f(x,y)$经过绿色变换后的结果，$f_B(x,y)$表示$f(x,y)$经过蓝色变换后的结果。$f_R(x,y)$、$f_G(x,y)$、$f_B(x,y)$分别作为红色通道、绿色通道、蓝色通道的亮度值，合成了 RGB彩色图像在空间位置(x,y)处的颜色$f_{RGB}(x,y)$。

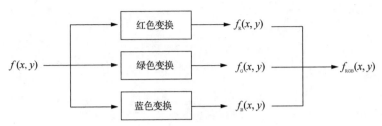

图 2-8 灰度值到彩色变换技术的功能框图

以$f_R(x,y)$、$f_G(x,y)$、$f_B(x,y)$分别作为红色变换、绿色变换、蓝色变换函数，具体如下。

$$f_R(x,y) = \begin{cases} 0 & f(x,y) < L/2 \\ 4f(x,y)-2L & L/2 \leqslant f(x,y) \leqslant 3L/4 \\ L & f(x,y) > 3L/4 \end{cases} \quad （2\text{-}13）$$

$$f_G(x,y) = \begin{cases} 4f(x,y) & f(x,y) < L/4 \\ L & L/4 \leqslant f(x,y) \leqslant 3L/4 \\ 4L-4f(x,y) & f(x,y) > 3L/4 \end{cases} \quad （2\text{-}14）$$

$$f_B(x,y) = \begin{cases} L & f(x,y) < L/4 \\ 2L-4f(x,y) & L/4 \leqslant f(x,y) \leqslant L/2 \\ 0 & f(x,y) > L/2 \end{cases} \quad （2\text{-}15）$$

其中L为灰度图像的最大灰度值。一般情况下，L为 255。

绘制灰度值到彩色变换的映射关系图的代码如下。

```python
from matplotlib import pyplot as plt
#定义灰度值到彩色变换
L = 255
def GetR(gray):
    if gray < L / 2:
        return 0
    elif gray > L / 4 * 3:
        return L
    else:
        return 4 * gray - 2 * L
def GetG(gray):
    if gray < L / 4:
        return 4 * gray
    elif gray > L / 4 * 3:
        return 4 * L - 4 * gray
```

```
        else:
            return L
    def GetB(gray):
        if gray < L / 4:
            return L
        elif gray > L / 2:
            return 0
        else:
            return 2 * L - 4 * gray
#设置字体格式
plt.rcParams['font.sans-serif'] = ['SimHei']
plt.rcParams['font.size'] = 15
plt.rcParams['axes.unicode_minus'] = False


x = [0, 64, 127, 191, 255]
#绘制灰度图像到 R 通道的映射关系
plt.figure()
R = []
for i in x:
    R.append(GetR(i))
plt.plot(x, R, 'r--', label = '红色变换')
plt.legend(loc = 'best')
#绘制灰度图像到 G 通道的映射关系
plt.figure()
G = []
for i in x:
    G.append(GetG(i))
plt.plot(x, G, 'g', label = '绿色变换')
plt.legend(loc = 'best')
#绘制灰度图像到 B 通道的映射关系
plt.figure()
B = []
for i in x:
    B.append(GetB(i))
plt.plot(x, B, 'b', marker = 'o', markersize = 5, label = '蓝色变换')
plt.legend(loc = 'best')
#绘制灰度图像到 RGB 的映射关系
plt.figure()
plt.plot(x, R, 'r--')
```

```
plt.plot(x, G, 'g')
plt.plot(x, B, 'b', marker = 'o', markersize = 5)
```

灰度值到彩色变换的映射关系如图 2-9 所示。图 2-9（a）、图 2-9（b）和图 2-9（c）分别是灰度图像到红色通道、绿色通道和蓝色通道的映射关系图。图 2-9（d）将红色变换、绿色变换和蓝色变换的映射关系绘制到一幅图像，可以表示灰度图像到彩色图像的红色通道、绿色通道和蓝色通道的映射关系，即可以表示彩色变换。

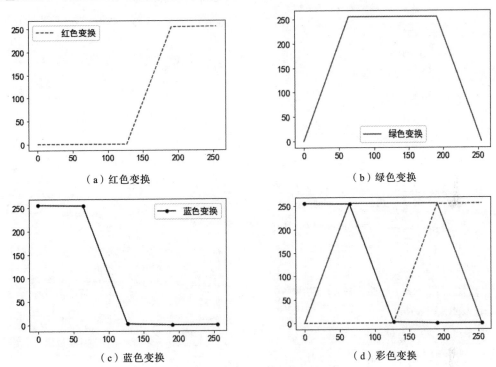

（a）红色变换　　　　　　　　　　　　　　（b）绿色变换

（c）蓝色变换　　　　　　　　　　　　　　（d）彩色变换

图 2-9　灰度值到彩色变换的映射关系

灰度图像按照图 2-9 所示映射关系转换为伪彩色图像的代码如下。

```
from skimage import data,color
from matplotlib import pyplot as plt
import numpy as np
#定义灰度值到彩色变换
L = 255
def GetR(gray):
    if gray < L / 2:
        return 0
    elif gray > L / 4 * 3:
        return L
    else:
        return 4 * gray - 2 * L
def GetG(gray):
    if gray < L / 4:
```

```
            return 4 * gray
        elif gray > L / 4 * 3:
            return 4 * L - 4 * gray
        else:
            return L
    def GetB(gray):
        if gray < L / 4:
            return L
        elif gray > L / 2:
            return 0
        else:
            return 2 * L - 4 * gray
img = data.coffee()
grayimg = color.rgb2gray(img) * 255   #将彩色图像转换为灰度图像
colorimg = np.zeros(img.shape,dtype='uint8')
for ii in range(img.shape[0]):
    for jj in range(img.shape[1]):
        r,g,b = GetR(grayimg[ii, jj]), GetG(grayimg[ii, jj]),
GetB(grayimg[ii, jj])
        colorimg[ii,jj,:]=(r, g, b)
#显示结果
plt.figure()
plt.axis('off')
plt.imshow(grayimg, cmap='gray')          #显示灰度图像
plt.figure()
plt.axis('off')
plt.imshow(colorimg)                       #显示伪彩色图像
```

灰度图像按照图 2-9 所示映射关系转换为伪彩色图像的变换结果如图 2-10 所示。

（a）灰度图像

（b）伪彩色图像

图 2-10　灰度图像到伪彩色图像的变换结果

2.3　基于彩色的图像分割

图像分割是把图像分成各具特性的区域并提取出感兴趣区域的技术和过程。基于彩色的图像分割是在颜色空间中进行图像分割。基于彩色的图像分割首先观察原始彩色图像的各分量图像，利用分量图像中感兴趣区域的特征对感兴趣区域进行提取，并弱化背景区域。本节将讨论在 HSI 颜色空间和 RGB 颜色空间中的彩色图像分割。

2.3.1　HSI 颜色空间中的分割

HSI 颜色空间是面向颜色处理的，用色调（H）和饱和度（S）描述色彩，用亮度（I）描述光的强度。HSI 模型有两个特点：I 分量与图像的彩色信息无关；H 分量和 S 分量与人感受颜色的方式是紧密相连的。这些特点使得 HSI 模型非常适合于借助人的视觉系统感知彩色特性的图像处理算法。在彩色图像分割中不常使用 I 分量，因为它不包含彩色信息。

假定感兴趣区域是图 2-11（a）所示的原始 RGB 图像中的红色花朵。图 2-11 给出了该图像的 H 分量、S 分量、I 分量图像。观察 H 分量图像可以发现感兴趣区域具有较高的色调值，观察 S 分量图像可以发现感兴趣区域的色彩饱和度较高。在饱和度图像中选择门限值等于最大饱和度的 30%，对任何比门限大的像素赋 1 值（白），其他赋 0 值（黑），则可参考 S 分量产生二值饱和度模板。将二值饱和度模板作用于色调图像即可产生出红色花朵分割的结果。HSI 颜色空间中图像分割的代码如下。

```
from skimage import data
from matplotlib import pyplot as plt
import math
import numpy as np
import sys
#定义 RGB 转 HSI
def rgb2hsi(r, g, b):
    r = r / 255
    g = g / 255
    b = b / 255
    num = 0.5 * ((r - g) + (r - b))
    den = ((r - g) * (r - g) + (r - b) * (g - b))**0.5
    if b<=g:
        if den == 0:
            den = sys.float_info.min
        h = math.acos(num/den)
    elif b>g:
        if den == 0:
            den = sys.float_info.min
```

```python
        h = (2*math.pi)-math.acos(num/den)
    s = 1 - (3 * min(r, g, b) / (r + g + b))
    i = (r + g + b)/3
    return int(h),int(s*100),int(i*255)
image = data.imread('flower.jpg')
hsi_image = np.zeros(image.shape, dtype='uint8')
for ii in range(image.shape[0]):
    for jj in range(image.shape[1]):
        r, g, b = image[ii, jj, :]
        h, s, i = rgb2hsi(r, g, b)
        hsi_image[ii, jj, :] = (h, s, i)
H = hsi_image[:, :, 0]
S = hsi_image[:, :, 1]
I = hsi_image[:, :, 2]
#生成二值饱和度模板
S_template = np.zeros(S.shape, dtype='uint8')
for i in range(S.shape[0]):
    for j in range(S.shape[1]):
        if S[i, j] > 0.3 * S.max():
            S_template[i, j] = 1
#色调图像与二值饱和度模板相乘可得到分割结果 F
F = np.zeros(H.shape, dtype='uint8')
for i in range(F.shape[0]):
    for j in range(F.shape[1]):
        F[i, j] = H[i, j] * S_template[i, j]
#显示结果
plt.figure()
plt.axis('off')
plt.imshow(image)                #显示原始 RGB 图像
plt.figure()
plt.axis('off')
plt.imshow(H, cmap='gray')       #显示 H 分量
plt.figure()
plt.axis('off')
plt.imshow(S, cmap='gray')       #显示 S 分量
plt.figure()
plt.axis('off')
plt.imshow(I, cmap='gray')       #显示 I 分量
plt.figure()
```

```
plt.axis('off')
plt.imshow(S_template, cmap='gray')    #显示二值饱和度模板
plt.figure()
plt.axis('off')
plt.imshow(F, cmap='gray')                   #显示分割结果
```

　　HSI 颜色空间中图像分割的结果如图 2-11 所示。图 2-11（a）显示了原始 RGB 图像。HSI 图像是从 RGB 图像转换来的，HSI 图像的 H 分量、S 分量和 I 分量图像分别如图 2-11（b）、图 2-11（c）和图 2-11（d）所示。在该示例中，门限值等于最大饱和度（在 S 分量图像中）的 30%。在二值饱和度模板中，对任何比门限大的像素赋 1 值（白），其他赋 0 值（黑）。二值饱和度模板如图 2-11（e）所示。H 分量图像与二值饱和度模板相乘可得到红色花朵的分割结果，如图 2-11（f）所示。

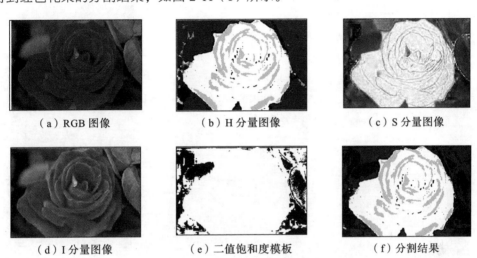

| （a）RGB 图像 | （b）H 分量图像 | （c）S 分量图像 |
| （d）I 分量图像 | （e）二值饱和度模板 | （f）分割结果 |

图 2-11　HSI 颜色空间中图像分割的结果

2.3.2　RGB 颜色空间中的分割

　　RGB 是最常用的描述彩色图像的颜色空间。RGB 颜色空间中的分割算法是最直接的，得到的分割效果通常较好。假定现在的感兴趣区域是图 2-12（a）中的红色花朵，则可以选取一些可以代表红色花朵颜色的像素点组成样本集合，通过样本集对待分割的颜色的"平均"进行估计。用向量 a 表示平均颜色，向量 z 表示 RGB 空间中的任一像素点的颜色特征（像素点的 R、G、B 这 3 个分量的值组成的向量）。若 z 与 a 的欧氏距离小于给定的阈值 D_0，则认为 z 与 a 是相似的。欧氏距离需要计算开方，计算较复杂。为了简化计算，可以使用一个边界盒，盒子的中心在 a 处，盒子在 R、G、B 这 3 个维度的长度和样本集在每个维度标准差成正比。当 z 在盒子内部或表面时，判定颜色特征为 z 的像素点属于感兴趣区域，否则判定颜色特征为 z 的像素点不属于感兴趣区域。RGB 空间中的图像分割的代码如下。

```
from skimage import data
from matplotlib import pyplot as plt
import numpy as np
```

```
import math
image = data.imread('flower.jpg')
r = image[:,:,0]
g = image[:,:,1]
b = image[:,:,2]
#RGB 颜色空间中的分割
#选择样本区域
r1 = r[128:255, 85:169]
#计算该区域中的彩色点的平均向量 a 的红色分量
r1_u = np.mean(r1)
#计算样本点红色分量的标准差
r1_d = 0.0
for i in range(r1.shape[0]):
    for j in range(r1.shape[1]):
        r1_d = r1_d + (r1[i, j] - r1_u) * (r1[i, j] - r1_u)
r1_d = math.sqrt(r1_d/r1.shape[0]/r1.shape[1])
#寻找符合条件的点，r2 为红色分割图像
r2 = np.zeros(r.shape, dtype = 'uint8')
for i in range(r.shape[0]):
    for j in range(r.shape[1]):
        if r[i, j] >= (r1_u - 1.25 * r1_d) and r[i, j] <= (r1_u +
1.25 * r1_d):
            r2[i, j] = 1
#image2 为根据红色分割后的 RGB 图像
image2 = np.zeros(image.shape, dtype = 'uint8')
for i in range(r.shape[0]):
    for j in range(r.shape[1]):
        if r2[i, j] == 1:
            image2[i, j, :] = image[i, j, :]
#显示结果
plt.figure()
plt.axis('off')
plt.imshow(image)                    #显示原始 RGB 图像
plt.figure()
plt.axis('off')
plt.imshow(r, cmap='gray')#显示 R 分量图像
plt.figure()
plt.axis('off')
plt.imshow(g, cmap='gray')           #显示 G 分量图像
```

```
plt.figure()
plt.axis('off')
plt.imshow(b, cmap='gray')        #显示 B 分量图像
plt.figure()
plt.axis('off')
plt.imshow(r2, cmap='gray')       #显示红色分割图像
plt.figure()
plt.axis('off')
plt.imshow(image2)                #显示分割后的 RGB 图像
```

　　RGB 空间中的图像分割如图 2-12 所示。图 2-12（a）显示了原始 RGB 图像，其中红色花朵为感兴趣区域。RGB 图像的 R 分量、G 分量和 B 分量图像分别如图 2-12（b）、图 2-12（c）和图 2-12（d）所示。观察 R 分量、G 分量、B 分量图像，可以发现 R 分量中红色花朵区域的亮度值较高，并且在 R 分量图像中红色花朵区域与背景的对比较明显，因此选取 R 分量作为分析对象。首先选取红色花朵的一小块区域作为样本集，计算该区域中的颜色点的平均向量 a 的红色分量 a_R。当 z 的红色分量值和 a_R 的差值在一定范围内时，判定颜色特征为 z 的像素点属于感兴趣区域，否则判定颜色特征为 z 的像素点不属于感兴趣区域。当颜色特征为 z 的像素点被判定属于感兴趣区域时，其在红色分割图像中的亮度值置为 1，否则置为 0，如图 2-12（e）的红色分割图像所示。将感兴趣区域的像素点保持原始的红色通道、绿色通道、蓝色通道的亮度值，非感兴趣区域的红色通道、绿色通道、蓝色通道的亮度值全部置为 0，使得背景变为黑色，如图 2-12（f）分割后的 RGB 图像所示。

　　对比图 2-12 和图 2-11 的分割结果可以发现，在 RGB 空间中进行彩色分割的效果较好。与原始 RGB 图像相比，分割后的 RGB 图像中的绿叶基本被去除，只保留了原始图像中的红色花朵。基于彩色的图像分割主要利用分量图像中感兴趣区域的颜色特征对感兴趣区域进行提取，并弱化背景区域。

（a）RGB 图像　　　　　　　　（b）R 分量图像　　　　　　　（c）G 分量图像

（d）B 分量图像　　　　　　（e）红色分割图像　　　　　　（f）分割后的 RGB 图像

图 2-12　RGB 空间中的图像分割

2.4 彩色图像的灰度化

灰度图像能以较少的数据表征图像的大部分特征，因此在某些算法的预处理阶段需要进行彩色图像灰度化，以提高后续算法的效率。将彩色图像转换为灰度图像的过程称为彩色图像灰度化。本节将讨论 RGB 图像的灰度化，其他颜色空间的图像可先转换至 RGB 颜色空间，再进行 RGB 图像灰度化。

在 RGB 模型中，位于空间位置(x,y)的像素点的颜色用该像素点的 R 分量 $R(x,y)$、G 分量 $G(x,y)$和 B 分量 $B(x,y)$3 个数值表示。灰度图像每个像素用一个灰度值（又称强度值、亮度值）表示即可。本节讨论最大值灰度化方法、平均值灰度化方法、加权平均灰度化方法，对 RGB 图像进行灰度化处理。

最大值灰度化方法将彩色图像中像素的 R 分量、G 分量和 B 分量 3 个数值的最大值作为灰度图的灰度值。$f(x,y)$表示位于空间位置(x,y)处的像素（该像素的 R 分量、G 分量、B 分量值分别为 $R(x,y)$、$G(x,y)$、$B(x,y)$）的灰度化结果。最大值灰度化方法如式（2-16）所示。

$$f(x,y) = \max(R(x,y),G(x,y),B(x,y)) \tag{2-16}$$

平均值灰度化方法对彩色图像中像素的 R 分量、G 分量和 B 分量 3 个数值求平均值，以得到一个灰度值，如式（2-17）所示。

$$f(x,y) = (R(x,y)+G(x,y)+B(x,y))/3 \tag{2-17}$$

由于人眼对绿色的敏感最高，对蓝色敏感最低，因此可以根据重要性对 R、G、B 这 3 个分量进行加权平均，得到较合理的灰度值。加权平均灰度化方法如式（2-18）所示。

$$f(x,y) = 0.30R(x,y)+0.59G(x,y)+0.11B(x,y) \tag{2-18}$$

RGB 图像灰度化的代码如下。

```python
from skimage import data
from matplotlib import pyplot as plt
import numpy as np
image = data.coffee()   #载入 RGB 图像
#初始化灰度图像
max_gray = np.zeros(image.shape[0:2],dtype='uint8')
ave_gray = np.zeros(image.shape[0:2],dtype='uint8')
weight_gray = np.zeros(image.shape[0:2],dtype='uint8')
for ii in range(image.shape[0]):
    for jj in range(image.shape[1]):
        r, g, b = image[ii, jj, :]
        #最大值灰度化方法
        max_gray[ii, jj] = max(r, g, b)
        #平均值灰度化方法
        ave_gray[ii, jj] = (r + g + b)/3
        #加权平均灰度化方法
```

```
        weight_gray[ii, jj] = 0.30 * r + 0.59 * g + 0.11 * b
#显示结果
plt.figure()
plt.axis('off')
plt.imshow(image)                        #显示 RGB 图像
plt.figure()
plt.axis('off')
plt.imshow(max_gray, cmap='gray')        #显示最大值灰度化图像
plt.figure()
plt.axis('off')
plt.imshow(ave_gray, cmap='gray')        #显示平均值灰度化图像
plt.figure()
plt.axis('off')
plt.imshow(weight_gray, cmap='gray')    #显示加权平均灰度化图像
```

RGB 图像灰度化结果如图 2-13 所示。图 2-13（a）是原始 RGB 图像。图 2-13（b）为对原始 RGB 图像进行最大值灰度化得到的灰度图像。图 2-13（c）为对原始 RGB 图像进行平均值灰度化得到的灰度图像。图 2-13（d）为对原始 RGB 图像进行加权平均灰度化得到的灰度图像。观察图 2-13 可以发现，加权平均灰度化方法所得的灰度图像效果较好。

（a）RGB 图像

（b）最大值灰度化图像

（c）平均值灰度化图像

（d）加权平均灰度化图像

图 2-13　RGB 图像灰度化结果

2.5 小结

本章首先对彩色图像进行了简要介绍，并说明了彩色图像处理的重要意义。2.1 节讲述了彩色图像的颜色空间，详细讲解了 RGB 颜色空间、HSI 颜色空间、RGB 颜色空间和 HSI 颜色空间之间的转换。2.2 节讲述了伪彩色图像处理，重点讨论了强度分层技术和灰度值到彩色变换技术。2.3 节讲述了基于彩色的图像分割，主要讨论了基于 HSI 和 RGB 空间的彩色分割。2.4 节讲解了彩色图像的灰度化，讲解了利用最大值灰度化方法、平均值灰度化方法、加权平均灰度化方法对 RGB 图像进行灰度化处理。

2.6 本章练习

1. 简述灰度图像与彩色图像的区别。

2. 尝试使用 Python，结合本章学习的灰度图像的彩色变换，将一幅灰度图像转换为彩色图像。

3. 分析基于 RGB 颜色空间进行彩色图像分割与基于 HIS 颜色空间进行彩色图像分割的原理。

4. 尝试使用 Python，对 skimage 库中的彩色图像进行灰度化处理。

03

chapter

空间滤波

　　空间滤波是在图像平面本身上逐像素地移动空间模板，同时空间模板与其覆盖的图像像素灰度值按预定义的关系进行运算。模板也称为空间滤波器、核、掩模或窗口。空间滤波一般用于去除图像噪声或增强图像细节，突出感兴趣信息，抑制无效信息，以改善人类的视觉效果或使图像更适合于特定的机器感知与分析。空间滤波主要包括平滑处理和锐化处理两大类。平滑处理主要用于去除图像中一些不重要的细节并减小噪声。锐化处理主要用于突出图像中的细节，增强图像边缘。为了达到较满意的图像增强效果，通常使用多种互补的空间滤波技术。

　　本章将针对空间滤波基础、平滑处理、锐化处理、混合空间增强展开讨论，重点讲述基本的平滑滤波器和锐化滤波算子，并使用经典案例介绍混合空间增强。

空间域指的是图像平面本身，是相对于变换域而言的。空间域的图像处理是图像本身不进行频域变换，以图像中的像素为基础对图像进行处理。空间域的图像处理是在像素的邻域进行操作，如空间域平滑处理是通过像素的邻域平滑图像，空间域锐化处理是通过像素的邻域锐化图像。频域的图像处理首先将图像变换到变换域，然后在频域进行处理，处理之后将其反变换至空间域。频域处理主要包括低通滤波和高通滤波。低通滤波可以使低频信号正常通过，而高于所设定临界值的高频信号则被阻隔或减弱，可用于去除图像的噪声，相当于空间域的平滑处理。高通滤波可以使高频信号正常通过，而低于所设定临界值的低频信号则被阻隔或减弱，可增强图像的边缘轮廓等高频信号，相当于空间域的锐化处理。

在频域处理中，滤波是指过滤一些频率分量，即通过一些频率分量，同时拒绝一些频率分量的通过。频域滤波器主要包括低通滤波器和高通滤波器。滤波一词也可用于空间域，称为空间域滤波，即在空间域上直接对图像进行处理，实现类似于频域的平滑或锐化效果。

3.1.1 空间滤波的机理

空间滤波的机理就是在待处理图像上逐像素地移动模板，在每个像素点，滤波器的响应通过事先定义的关系计算。若滤波器在图像像素上执行的是线性操作，则称为线性滤波器，否则称为非线性滤波器。均值滤波器求解的是模板内像素灰度值的平均值，其是典型的线性滤波器。统计排序滤波器是通过比较给定邻域内的灰度值大小实现的，原始数据与滤波结果是一种逻辑关系，如最大值滤波器、最小值滤波器、中值滤波器等，都是典型的非线性滤波器。

图 3-1 说明了 3×3 模板的线性空间滤波器的机理，在图像中的任一像素点(x,y)，其灰度值为 $S(x,y)$，空间滤波器的响应 $T(x,y)$ 是模板系数与模板所覆盖的像素灰度值的乘积之和：

$$T(x,y) = W(-1,-1) \times S(x-1,y-1) + W(-1,0) \times S(x-1,y) + \cdots +$$
$$W(0,0) \times S(x,y) + \cdots + W(1,1) \times S(x+1,y+1)$$

其中 W 表示 3×3 模板，S 表示灰度图像，T 表示线性空间滤波结果。显然，求解 $T(x,y)$ 时，模板中心 $W(0,0)$ 覆盖着像素点(x,y)。

现将 3×3 模板的线性空间滤波器推广到一般情况。对于一个大小为 $m×n$ 的模板，由于主要关注奇数尺寸的模板，可假设 $m=2×a+1$ 且 $n=2×b+1$，其中 a 和 b 均为正整数。使用 $m×n$ 大小的模板 W 对 $M×N$ 大小的图像 S 进行线性空间滤波，得到滤波结果 T 图像，可由式（3-1）表示。

$$T(x,y) = \sum_{i=-a}^{a} \sum_{j=-b}^{b} W(i,j) \times S(x+i,y+j) \qquad （3-1）$$

其中(x,y)表示图像中的任一像素点。注意：式（3-1）是将模板与图像进行相关运算，而非卷积运算。本章的滤波器模板均是与图像进行相关运算，而非卷积运算。

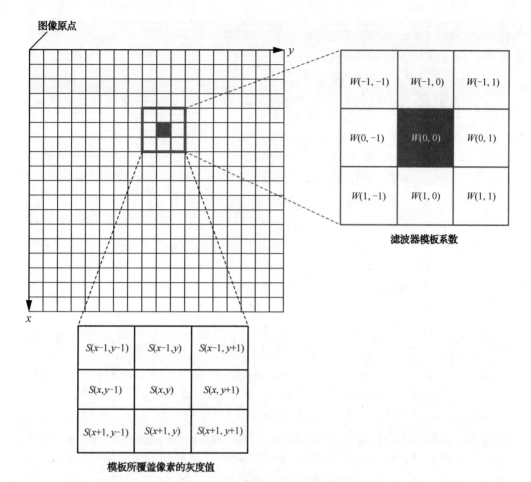

模板所覆盖像素的灰度值

图 3-1　3×3 模板的线性空间滤波器的机理

　　实现空间滤波邻域处理时，需要考虑的一个问题是滤波中心靠近图像边界时如何计算空间滤波器的响应。考虑一个大小为 $m×n$ 的模板，当模板中心距离图像左边界或右边界为 $(n-1)/2$ 个像素时，该模板有一条边与图像左边界或右边界重合；当模板中心距离图像上边界或下边界为 $(m-1)/2$ 个像素时，该模板有一条边与图像上边界或下边界重合。此时如果模板的中心继续向图像边界靠近，模板的行或列就会处于图像平面之外。有多种方法可以解决上述问题，较简单的方法是将模板中心点的移动范围限制在距离图像左边界或右边界不小于 $(n-1)/2$ 个像素，且距离图像上边界或下边界不小于 $(m-1)/2$ 个像素。这种解决方法将使处理后的图像比原始图像稍小，可以将未被处理的像素点的灰度值直接复制到滤波结果处，以保持滤波结果与原始图像尺寸一致。另一种解决方法是在图像的左边界和右边界以外各补上 $(n-1)/2$ 列灰度为零的像素点（其灰度值可以为其他常量值，也可以是边界像素的灰度值），在图像的上边界和下边界以外各补上 $(m-1)/2$ 行灰度为零的像素点，然后再进行滤波处理，处理后的图像与原始图像尺寸一致。

　　为了更加清晰地向读者展示滤波过程，这里并未使用真实图像进行线性空间滤波，而是对一个 6×6 的矩阵进行线性空间滤波处理。矩阵进行线性空间滤波处理的代码如下。

```
import numpy as np
def correl2d(img, window):
```

```
    m = window.shape[0]
    n = window.shape[1]
    #边界通过 0 灰度值填充扩展
    img1 = np.zeros((img.shape[0] + m - 1, img.shape[1] + n - 1))
    img1[(m - 1) // 2 : (img.shape[0] + (m - 1) // 2) , (n - 1) //
2: (img.shape[1] + (n - 1) // 2)] = img
    img2 = np.zeros(img.shape)
    for i in range(img2.shape[0]):
        for j in range(img2.shape[1]):
            temp = img1[i : i + m, j: j + n]
            img2[i,j] = np.sum(np.multiply(temp, window))
    return (img1, img2)
#window 表示滤波模板， img 表示原始矩阵
window = np.array([[1, 0, 0], [0, 0, 0], [0, 0, 2]])
img = np.array([[1, 2, 1, 0, 2, 3], [0, 1, 1, 2, 0, 1],
            [3, 0, 2, 1, 2, 2], [0, 1, 1, 0, 0, 1],
            [1, 1, 3, 2, 2, 0], [0, 0, 1, 0, 1, 0]])
#img1 表示边界填充后的矩阵， img2 表示空间滤波结果
img1, img2 = correl2d(img, window)
```

　　矩阵的线性空间滤波过程如图 3-2 所示。对图 3-2（a）所示的原始矩阵进行线性空间滤波时，首先通过 0 灰度值填充扩展边界，此时图像的上边界和下边界之外各补一行灰度值为 0 的像素点，左边界和右边界之外各补一列灰度值为 0 的像素点，如图 3-2（b）所示。然后再对扩展后的图像使用图 3-2（c）所示的滤波模板进行滤波处理。空间滤波结果如图 3-2（d）所示。滤波结果中，像素灰度值由模板系数与模板覆盖的像素灰度值的乘积之和求得。如滤波结果的第一个像素的灰度值 $2=1\times0+0\times0+0\times0+0\times0+0\times1+0\times2+0\times0+0\times0+2\times1$（相关运算）。

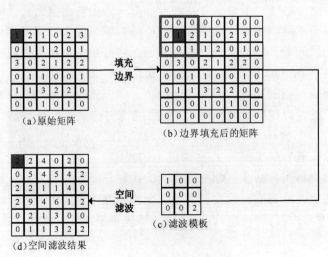

图 3-2　矩阵的线性空间滤波过程

3.1.2 空间滤波器模板

若空间滤波器模板的系数从 1 开始进行索引，从左到右索引值递增，先索引第一行的每个模板系数，再依次索引下一行的每个模板系数，则 3×3 滤波模板的一种表示如图 3-3 所示。若用 w 向量表示滤波模板，z 向量表示模板覆盖的像素的灰度值，则模板响应 R 可用式（3-2）表示。

$$R = w_1 z_1 + w_2 z_2 + \cdots + w_{mn} z_{mn} = \sum_{i=1}^{mn} w_i z_i = \boldsymbol{w}^{\mathrm{T}} \boldsymbol{z} \tag{3-2}$$

其中 $\boldsymbol{w} = [w_1, w_2, \cdots, w_{mn}]^{\mathrm{T}}$ 是包含 $m \times n$ 个模板系数的向量形式的滤波器模板，$\boldsymbol{z} = [z_1, z_2, \cdots, z_{mn}]^{\mathrm{T}}$ 是滤波器模板覆盖的图像像素的灰度值向量。图 3-3 是一个 3×3 模板，此时 $m = n = 3$，$m \times n = 9$，该模板响应为

$$R = w_1 z_1 + w_2 z_2 + \cdots + w_9 z_9 = \sum_{i=1}^{9} w_i z_i = \boldsymbol{w}^{\mathrm{T}} \boldsymbol{z} \tag{3-3}$$

其中 w 是包含 9 个模板系数的列向量，z 是包含 9 个像素灰度值的列向量。

w_1	w_2	w_3
w_4	w_5	w_6
w_7	w_8	w_9

图 3-3 3×3 滤波模板的一种表示

$m \times n$ 的线性滤波器模板有 $m \times n$ 个模板系数，这 $m \times n$ 个系数的值决定了线性空间滤波器的功能。假设要实现 3×3 的平滑空间滤波器，较简单的方法是使得滤波器的系数均为 1/9。3.2 节中将会再次仔细讨论平滑空间滤波器，介绍多种平滑空间滤波模板。锐化空间滤波模板也将在 3.3 节进行详细讨论。

3.2 平滑处理

平滑处理常用于模糊处理和降低噪声。平滑滤波器使用给定邻域内像素的平均灰度值或逻辑运算值代替原始图像中像素的灰度值，这种处理降低了图像灰度的"尖锐"变化。然而，图像边缘也是由图像灰度尖锐变化带来的特性，因此平滑空间滤波器有边缘模糊化的负面效应。平滑空间滤波器可分为平滑线性空间滤波器和平滑非线性空间滤波器。具有代表性的平滑非线性空间滤波器为统计排序滤波器。

3.2.1 平滑线性空间滤波器

平滑线性空间滤波器的输出是给定邻域内的像素灰度值的简单平均值或加权平均值。平滑线性空间滤波器有时也称为均值滤波器。均值滤波器的一个重要应用是降低图

像中的噪声。均值滤波器还有一个重要应用，去除图像的不相关细节，使不相关细节与背景糅合在一起，从而使感兴趣目标更加易于检测，此时模板的大小与不相关细节的尺寸有关。

图 3-4 显示了两个平滑空间滤波器模板。图 3-4（a）是 3×3 盒状滤波器模板。图 3-4（b）是 5×5 盒状滤波器模板。滤波器响应如式（3-4）所示。

$$R = \frac{1}{mn}\sum_{i=1}^{mn} z_i \qquad\qquad (3\text{-}4)$$

R 是由 $m{\times}n$ 大小的模板定义的均值滤波器的响应，该模板中的所有系数均为 $1/mn$，这种滤波器也称为盒状滤波器，是最简单的均值滤波器。

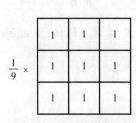

（a）3×3盒状滤波器模板　　　　　　（b）5×5盒状滤波器模板

图 3-4　盒状滤波器模板

盒状滤波是最简单的平滑空间滤波方法之一。使用 3×3、5×5、9×9 盒状滤波器对图像进行盒状滤波的代码如下。

```python
import numpy as np
from scipy import signal
from skimage import data
from matplotlib import pyplot as plt
# 定义二维灰度图像的空间滤波函数
def correl2d(img, window):
    # 使用滤波器实现图像的空间相关
    # mode = 'same' 表示输出尺寸等于输入尺寸
    # boundary ='fill'表示滤波前，用常量值填充原始图像的边缘，默认常量值为 0
    s = signal.correlate2d(img, window, mode ='same', boundary='fill')
    return s.astype(np.uint8)
# img 为原始图像
img = data.camera()
# 3×3 盒状滤波模板
window1 = np.ones((3, 3)) / (3 ** 2)
# 5×5 盒状滤波模板
window2 = np.ones((5, 5)) / (5 ** 2)
# 9×9 盒状滤波模板
```

```
window3 = np.ones((9, 9)) / (9 ** 2)
# 生成滤波结果
new_img1 = correl2d(img, window1)
new_img2 = correl2d(img, window2)
new_img3 = correl2d(img, window3)
# 显示图像
plt.figure()
plt.imshow(img, cmap = 'gray')          #显示原始图像
plt.figure()
plt.imshow(new_img1, cmap = 'gray')     #显示 3×3 盒状滤波结果
plt.figure()
plt.imshow(new_img2, cmap = 'gray')     #显示 5×5 盒状滤波结果
plt.figure()
plt.imshow(new_img3, cmap = 'gray')     #显示 9×9 盒状滤波结果
```

盒状滤波结果如图 3-5 所示。原始图像如图 3-5（a）所示。对原始图像分别进行 3×3 盒状滤波、5×5 盒状滤波、9×9 盒状滤波的结果如图 3-5（b）、图 3-5（c）、图 3-5（d）所示。

（a）原始图像　　　　　　　　　　　（b）3×3 盒状滤波结果

（c）5×5 盒状滤波结果　　　　　　　　（d）9×9 盒状滤波结果

图 3-5　盒状滤波结果

观察图 3-5，可以发现 3×3 盒状滤波结果比原始图像的湖面水波更加平滑。与原始图像相比，使用 5×5 盒状滤波模板所得的图像的湖面水波更加平滑，并且远处的风景更加模糊，同时图像中摄影师也被模糊了。与原始图像和其他滤波结果相比，9×9 盒状滤波结果更模糊。使用盒状滤波器对该图像进行滤波，随着滤波模板的增大，在远处风景模糊化的同时，也将图像中的摄影师模糊化了。

常用的均值滤波器是加权平均的，即在计算滤波器响应时邻域中某些像素的权重较大。图 3-6 所示的加权平均滤波器模板，模板中心位置的系数最大，模板其他位置的系数与距离模板中心的距离成反比。用户可根据实际目标调整加权平均滤波器模板各系数的权重，加权平均滤波器模板比盒状滤波器模板更符合实际应用需求。

$$\frac{1}{16}\times \begin{array}{|c|c|c|} \hline 1 & 2 & 1 \\ \hline 2 & 4 & 2 \\ \hline 1 & 2 & 1 \\ \hline \end{array}$$

图 3-6　加权平均滤波器模板

加权平均滤波器模板更合理，距离越近的像素点权重越大，距离越远的像素点权重越小。高斯分布显然是一种可取的权重分配模式。高斯分布是一种钟形曲线，越接近中心，取值越大，越远离中心，取值越小。高斯滤波器是一类根据高斯函数的形状选择权值的线性平滑滤波器。高斯平滑滤波器对于抑制服从正态分布的噪声非常有效。二维高斯函数如式（3-5）所示。

$$G(x, y) = \frac{1}{2\pi\sigma^2} e^{-\frac{x^2+y^2}{2\sigma^2}} \qquad （3-5）$$

其中，σ 是标准差。根据以上二维高斯函数可以生成高斯平滑滤波器模板。假设现在要生成高斯滤波器模板，且要求模板系数之和为 1，则滤波器系数如式（3-6）所示。

$$W(i, j) = \frac{1}{\sum\limits_{i=-a}^{a}\sum\limits_{j=-b}^{b} G(i, j)} \times G(i, j) = \frac{1}{\sum\limits_{i=-a}^{a}\sum\limits_{j=-b}^{b} \frac{1}{2\pi\sigma^2} e^{-\frac{i^2+j^2}{2\sigma^2}}} \times \frac{1}{2\pi\sigma^2} e^{-\frac{i^2+j^2}{2\sigma^2}} \qquad （3-6）$$

模板大小为 $m×n$，为了方便索引，使得 $m=2×a+1$ 且 $n=2×b+1$，其中 a 和 b 均为正整数。模板中心为 $W(0,0)$，模板中心的系数值最大。假设现在要生成 5×5 的高斯平滑空间滤波模板，则需要计算 $W(-2,-2)$、$W(-2,-1)$、…、$W(0,0)$、…、$W(2,1)$、$W(2,2)$ 的值。图 3-7 为标准差 σ 为 1.0 时的 5×5 高斯平滑滤波器模板。

高斯平滑滤波是一种应用较广泛的平滑空间滤波方法之一。使用 3×3、5×5、9×9 的高斯平滑滤波器对图像进行高斯平滑滤波的代码如下。

$$\frac{1}{273}\times \begin{array}{|c|c|c|c|c|} \hline 1 & 4 & 7 & 4 & 1 \\ \hline 4 & 16 & 26 & 16 & 4 \\ \hline 7 & 26 & 41 & 26 & 7 \\ \hline 4 & 16 & 26 & 16 & 4 \\ \hline 1 & 4 & 7 & 4 & 1 \\ \hline \end{array}$$

图 3-7　5×5 高斯平滑滤波器模板

```python
import numpy as np
from scipy import signal
from skimage import data
from matplotlib import pyplot as plt
import math
# 定义二维灰度图像的空间滤波函数
def correl2d(img, window):
    # 使用滤波器实现图像的空间相关
    # mode = 'same' 表示输出尺寸等于输入尺寸
    # boundary ='fill'表示滤波前, 用常量值填充原始图像的边缘, 默认常量值为 0
    s = signal.correlate2d(img, window, mode ='same', boundary='fill')
    return s.astype(np.uint8)
# 定义二维高斯函数
def gauss(i, j, sigma):
    return 1 / (2 * math.pi * sigma ** 2) * math.exp(-(i ** 2 + j
** 2) / (2 * sigma ** 2))
# 定义 radius × radius 的高斯平滑模板
def gauss_window(radius, sigma):
    window = np.zeros((radius * 2 + 1, radius * 2 + 1))
    for i in range(-radius, radius + 1):
        for j in range(-radius, radius + 1):
            window[i + radius][j + radius] = gauss(i, j, sigma)
    return window / np.sum(window)
# img 为原始图像
img = data.camera()
# 3×3 高斯平滑滤波模板
window1 = gauss_window(3, 1.0)
# 5×5 高斯平滑滤波模板
window2 = gauss_window(5, 1.0)
# 9×9 高斯平滑滤波模板
window3 = gauss_window(9, 1.0)
# 生成滤波结果
new_img1 = correl2d(img, window1)
new_img2 = correl2d(img, window2)
new_img3 = correl2d(img, window3)
# 显示图像
plt.figure()
plt.imshow(img, cmap = 'gray')          #显示原始图像
plt.figure()
```

```
plt.imshow(new_img1, cmap = 'gray')    #显示 3×3 高斯平滑滤波结果
plt.figure()
plt.imshow(new_img2, cmap = 'gray')    #显示 5×5 高斯平滑滤波结果
plt.figure()
plt.imshow(new_img3, cmap = 'gray')    #显示 9×9 高斯平滑滤波结果
```

高斯平滑滤波结果如图 3-8 所示。原始图像如图 3-8（a）所示。对原始图像分别进行 3×3 高斯平滑滤波、5×5 高斯平滑滤波、9×9 高斯平滑滤波的结果如图 3-8（b）、图 3-8（c）、图 3-8（d）所示。观察图 3-8，可以发现随着高斯滤波模板的增大，滤波结果越来越平滑。对比图 3-7 和图 3-8，可以发现使用相同尺寸的模板，高斯滤波后图像被平滑的程度较低。高斯滤波的输出是邻域像素的加权平均，同时距离中心越近的像素权重越大。因此，与盒状滤波相比，高斯滤波的平滑效果更柔和，图像中感兴趣目标的细节保留得更好。高斯滤波效果与标准差、模板尺寸有关，读者可调节标准差和模板尺寸，观察高斯平滑滤波的效果。

（a）原始图像 （b）3×3 高斯平滑滤波结果

（c）5×5 高斯平滑滤波结果 （d）9×9 高斯平滑滤波结果

图 3-8　高斯平滑滤波结果

3.2.2　统计排序滤波器

统计排序滤波器是典型的非线性平滑滤波器，首先对模板覆盖的像素的灰度值进行排序，选择有代表性的灰度值作为统计排序滤波器的响应。典型的统计排序滤波器包括

最大值滤波器、中值滤波器和最小值滤波器。最大值滤波器是用像素邻域内的最大值代替该像素的灰度值，主要用于寻找最亮点。中值滤波器是用像素邻域内的中间值代替该像素的灰度值，主要用于降噪。最小值滤波器是用像素邻域内的最小值代替该像素的灰度值，主要用于寻找最暗点。

在统计排序滤波器中，中值滤波器的应用最广。对于一定类型的随机噪声，中值滤波器的降噪效果较好，同时比相同尺寸的均值滤波器模糊程度明显要低。中值滤波器对处理脉冲噪声（也称椒盐噪声）非常有效，因为中值滤波器取中值作为滤波结果，可以很好地去除滤波器覆盖的邻域中的一些黑点或者白点。中值滤波器首先对模板覆盖的像素邻域内的所有灰度值进行排序，找到邻域的中间值，用这个中间值作为中值滤波器的响应。假设 3×3 中值滤波模板覆盖的像素灰度值为（2、3、0、10、9、1、7、5、3），排序结果为（0、1、2、3、3、5、7、9、10），中间值为 3，则该邻域的中值滤波结果为 3。中值滤波器使得图像中突出的亮点（暗点）更像它周围的值，以消除孤立的亮点（暗点），从而实现对图像的平滑。

为了观察中值滤波的降噪效果，首先对宇航员的灰度图像加入椒盐噪声，然后使用 3×3 的中值滤波器对图像进行中值滤波。中值滤波代码如下。

```
from scipy import ndimage
from skimage import data, util
from matplotlib import pyplot as plt
# img 为原始图像
img = data.astronaut()[:, :, 0]
# 对图像加入椒盐噪声
noise_img = util.random_noise(img, mode='s&p',seed=None,clip= True)
# 中值滤波
n = 3
new_img = ndimage.median_filter(noise_img, (n, n))
# 显示图像
plt.figure()
plt.imshow(img, cmap = 'gray')          #显示原始图像
plt.figure()
plt.imshow(noise_img, cmap = 'gray')    #显示加噪结果
plt.figure()
plt.imshow(new_img, cmap = 'gray')      #显示降噪结果
```

中值滤波结果如图 3-9 所示。原始图像如图 3-9（a）所示。图 3-9（b）为对原始图像加入随机椒盐噪声后的结果。使用 3×3 的中值滤波器对图 3-9（b）进行中值滤波的降噪结果如图 3-9（c）所示。观察图 3-9，可以发现中值滤波后的图像与原始图像非常接近。中值滤波可以很好地去除随机椒盐噪声。中值滤波的应用较广泛。在实践中常使用中值滤波器对图像进行降噪处理。

| （a）原始图像 | （b）加噪结果 | （c）降噪结果 |

图 3-9　中值滤波结果

以上空间滤波的例子都是在灰度图像上进行的，其实也可以对彩色图像进行空间滤波。对 RGB 图像的空间滤波相当于分别对 R、G、B 三通道的图像进行空间滤波。对宇航员的彩色图像加入椒盐噪声，然后使用 3×3 的中值滤波器对彩色图像进行平滑空间滤波。彩色图像中值滤波代码如下。

```python
import numpy as np
from scipy import ndimage
from skimage import data, util
from matplotlib import pyplot as plt
# img 为原始图像
img = data.astronaut()
noise_img = np.zeros(img.shape)
new_img = np.zeros(img.shape)
for i in range(3):
    grayimg = data.astronaut()[:, :, i]
    # 对图像加入椒盐噪声
    noise_img[:, :, i] = util.random_noise(grayimg,mode='s&p',
seed=None,clip=True)
    # 中值滤波
    n = 3
    new_img[:, :, i] = ndimage.median_filter(noise_img[:, :, i], (n,n))
# 显示图像
plt.figure()
plt.imshow(img, cmap = 'gray')          #显示原始图像
plt.figure()
plt.imshow(noise_img, cmap = 'gray')    #显示加噪结果
plt.figure()
plt.imshow(new_img, cmap = 'gray')      #显示降噪结果
```

彩色图像中值滤波结果如图 3-10 所示。原始图像如图 3-10（a）所示。图 3-10（b）为对原始 RGB 图像的 R、G、B 这 3 个通道分别加入随机椒盐噪声后的结果。使用 3×3 的中值滤波器对图 3-10（b）的 3 个通道分别进行中值滤波的降噪结果如图 3-10（c）所示。

（a）原始图像　　　　　　　　（b）加噪结果　　　　　　　　（c）降噪结果

图 3-10　彩色图像中值滤波结果

最大值滤波器是将邻域内的像素灰度值进行从小到大的排序，用序列的最后一个值（即最大值）代替该像素的灰度值，对于发现图像最亮点非常有效，可有效降低胡椒噪声。最小值滤波器用序列的最小值代替该像素的灰度值，对于发现图像最暗点非常有效，可有效降低盐粒噪声。对图像加入噪声，然后分别使用 3×3 的最大值滤波器和最小值滤波器对图像进行空间滤波，以观察最大值滤波和最小值滤波效果。最大值滤波和最小值滤波代码如下。

```python
from scipy import ndimage
from skimage import data, util
from matplotlib import pyplot as plt
img = data.astronaut()[:, :, 0]
# 对图像加入胡椒噪声
pepper_img = util.random_noise(img, mode='pepper',seed=None, clip=True)
# 对图像加入盐粒噪声
salt_img = util.random_noise(img, mode='salt',seed=None,clip= True)
n = 3
# 最大值滤波
max_img = ndimage.maximum_filter(pepper_img, (n, n))
# 最小值滤波
min_img = ndimage.minimum_filter(salt_img, (n, n))
# 显示图像
plt.figure()
plt.imshow(img, cmap = 'gray')          #显示原始图像
```

```
plt.figure()
plt.imshow(pepper_img, cmap = 'gray') #显示加胡椒噪声图像
plt.figure()
plt.imshow(salt_img, cmap = 'gray')    #显示加盐粒噪声图像
plt.figure()
plt.imshow(max_img, cmap = 'gray')     #显示最大值滤波结果
plt.figure()
plt.imshow(min_img, cmap = 'gray')     #显示最小值滤波结果
```

最大值滤波和最小值滤波结果如图 3-11 所示。原始图像如图 3-11（a）所示。对原始图像加入胡椒噪声，可以得到加胡椒噪声图像，如图 3-11（b）所示。对原始图像加入盐粒噪声，可以得到加盐粒噪声图像，如图 3-11（c）所示。使用 3×3 的最大值滤波器对图 3-11（b）进行最大值滤波的降噪结果如图 3-11（d）所示。使用 3×3 的最小值滤波器对图 3-11（c）进行最小值滤波的降噪结果如图 3-11（e）所示。观察图 3-11，可以发现最大值滤波结果比原始图像亮，最小值滤波结果比原始图像暗。最大值滤波对于去除胡椒噪声非常有效，最小值滤波对于去除盐粒噪声非常有效。

平滑处理是基本的图像处理方法之一。在实践中，盒状滤波器、高斯平滑滤波器、中值滤波器等都是常用的滤波器，常用于图像降噪或者图像预处理。在实践中，对图像进行平滑处理时，选用何种滤波器以及滤波模板的大小须结合实际目标。

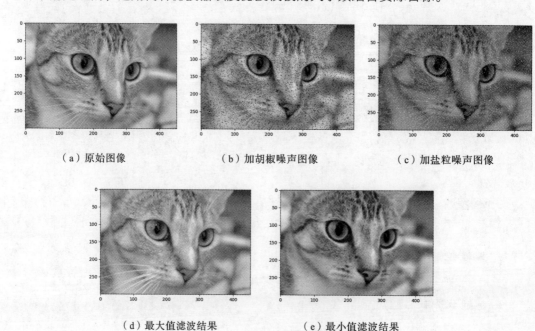

图 3-11　最大值滤波和最小值滤波结果

3.3 锐化处理

锐化处理的目的是增强图像中目标的细节、边缘、轮廓和其他灰度突变，削弱了灰度变化缓慢的区域。由于微分是对函数的局部变化率的一种描述，因此图像锐化算法的实现可基于空间微分。图像平滑处理有边缘和细节模糊的负面效应。图像平滑和图像锐化在逻辑上是相反的操作，因此也可以使用原始图像减去平滑处理后的图像实现锐化处理，这称为反锐化掩蔽。本节将主要讨论一阶微分算子、二阶微分算子和反锐化掩蔽。

3.3.1 一阶微分算子

对任意一阶微分的定义都必须满足以下两点：在灰度不变的区域微分值为 0；在灰度变化的区域微分值非 0。由于处理的是离散情况，微分用差分近似。对于一维函数 $f(x)$，其一阶微分的基本定义是：

$$\frac{\partial f}{\partial x} = f(x+1) - f(x)$$

一维微分可以用导数符号，这里使用偏导数符号是为了方便扩展至二维微分。二维图像 $f(x,y)$ 将沿着两个空间坐标轴求解一阶微分，即分别求解 $f(x,y)$ 对 x 和 y 的偏导数：

$$g_x = \frac{\partial f}{\partial x} = f(x+1, y) - f(x, y) \qquad g_y = \frac{\partial f}{\partial y} = f(x, y+1) - f(x, y)$$

二维图像的梯度是一个二维列向量，可表示为：

$$\Delta f = \text{grad}(f) = \begin{bmatrix} g_x \\ g_y \end{bmatrix} = \begin{bmatrix} \dfrac{\partial f}{\partial x} \\ \dfrac{\partial f}{\partial y} \end{bmatrix}$$

梯度的幅值 $M(x,y)$ 可表示为：

$$M(x, y) = \text{mag}(\Delta f) = \sqrt{g_x^2 + g_y^2}$$

$M(x,y)$ 是梯度向量方向变化率在 (x,y) 处的值。梯度向量的两个分量都是一阶偏导数，说明两个分量都是线性算子。梯度向量的幅值进行了求平方、求平方根操作，是非线性算子。

为了方便描述，将像素点 (x,y) 的 3×3 邻域的灰度值表示为 $z_1, z_2, \cdots, z_9$，其中 z_5 表示位于 (x,y) 的像素的灰度值 $f(x,y)$，z_1 表示 $f(x-1,y-1)$，z_6 表示 $f(x+1,y)$，z_8 表示 $f(x,y+1)$，z_9 表示 $f(x+1,y+1)$，图像的 3×3 邻域如图 3-12 所示。二维图像的最简单的一阶微分近似是：$g_x = z_8 - z_5$ 和 $g_y = z_6 - z_5$。

根据罗伯特（Roberts）的观点，边缘探测器应具有以下特性：产生的边缘应清晰；背景应尽可能减少噪声；边缘强度应尽可能接近人类的感知。考虑到图像边界的拓扑结构性，罗伯特提出两个交叉差分表示 g_x 和 g_y：

$$g_x = z_9 - z_5 \qquad g_y = z_8 - z_6$$

罗伯特提出两个交叉差分也称为罗伯特交叉梯度算子，如图 3-13 所示。罗伯特正对角线梯度算子和负对角线梯度算子分别如图 3-13（a）和图 3-13（b）所示。梯度幅度 $M(x,y)$ 为：

$$M(x,y) = \sqrt{g_x^2 + g_y^2} = \sqrt{(z_9 - z_5)^2 + (z_8 - z_6)^2}$$

$M(x,y)$ 代表每个像素点的梯度幅值，M 表示一幅梯度图像。

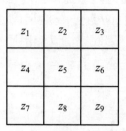

图 3-12　图像的 3×3 邻域

（a）正对角线梯度算子　　　（b）负对角线梯度算子

图 3-13　罗伯特交叉梯度算子

求罗伯特边缘图像和梯度图像的代码如下。该代码调用了 skimage.filters 中的 roberts_pos_diag()、roberts_neg_diag()、roberts() 方法，分别求取罗伯特正对角线边缘图像、罗伯特负对角线边缘图像、罗伯特梯度图像。读者可查看这些库函数的定义，也可参照 3.1 节和 3.2 节中的代码自定义罗伯特函数。

```python
from skimage import data, filters
from matplotlib import pyplot as plt
# img 为原始图像
img = data.camera()
# 罗伯特交叉梯度算子
img_robert_pos = filters.roberts_pos_diag(img)
img_robert_neg = filters.roberts_neg_diag(img)
img_robert = filters.roberts(img)
# 显示图像
plt.figure()
plt.imshow(img, cmap = 'gray')                  #显示原始图像
plt.figure()
plt.imshow(img_robert_pos, cmap = 'gray')  #显示罗伯特正对角线边缘图像
plt.figure()
plt.imshow(img_robert_neg, cmap = 'gray')  #显示罗伯特负对角线边缘图像
plt.figure()
plt.imshow(img_robert, cmap = 'gray')        #显示罗伯特梯度图像
```

以上代码所得的罗伯特交叉边缘图像和梯度图像如图3-14所示。图3-14（a）为原始图像。将如图3-13（a）所示的罗伯特正对角线梯度算子作用于原始图像，可得到罗伯特正对角线边缘图像，如图3-14（b）所示。将如图3-13（b）所示的罗伯特负对角线梯度算子作用于原始图像，可得到罗伯特负对角线边缘图像，如图3-14（c）所示。罗伯特梯度图像可由图3-14（b）和图3-14（c）的平方和的平方根求得，如图3-14（d）所示。

（a）原始图像　　　　　　　　　　　　（b）罗伯特正对角线边缘图像

（c）罗伯特负对角线边缘图像　　　　　　　（d）罗伯特梯度图像

图3-14　罗伯特交叉边缘图像和梯度图像

使用罗伯特交叉梯度算子可得到梯度图像 $M(x,y)$，那如何对图像进行锐化，以增强图像的边缘呢？将梯度图像以一定比例叠加到原始图像 $f(x,y)$，即可得到锐化图像，如式（3-7）所示。

$$g(x,y) = f(x,y) + c \times M(x,y) \qquad (3-7)$$

其中 c 为锐化强度系数。

由于奇数模板有对称中心，更易于实现，因此一般更注重奇数模板。罗伯特交叉梯度算子是2×2偶数模板，而我们更关注3×3奇数模板。使用如图3-12所示的3×3邻域表示方法，可以对3×3模板的 g_x 和 g_y 进行近似表达，如式（3-8）所示。

$$g_x = \frac{\partial f}{\partial x} = (z_7 + 2z_8 + z_9) - (z_1 + 2z_2 + z_3)$$

$$g_y = \frac{\partial f}{\partial y} = (z_3 + 2z_6 + z_9) - (z_1 + 2z_4 + z_7)$$

（3-8）

式（3-8）可用图 3-15（a）所示的水平索贝尔（Sobel）算子和图 3-15（b）所示的竖直索贝尔算子实现。

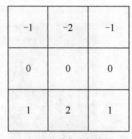

（a）水平索贝尔算子　　　　　　（b）竖直索贝尔算子

图 3-15　水平索贝尔算子和竖直索贝尔算子

求索贝尔边缘图像和梯度图像的代码如下。

```
from skimage import data, filters
from matplotlib import pyplot as plt
# img 为原始图像
img = data.camera()
# sobel 算子
img_sobel_h = filters.sobel_h(img)
img_sobel_v = filters.sobel_v(img)
img_sobel = filters.sobel(img)
# 显示图像
plt.figure()
plt.imshow(img, cmap = 'gray')              #显示原始图像
plt.figure()
plt.imshow(img_sobel_h, cmap = 'gray')      #显示水平 sobel 边缘图像
plt.figure()
plt.imshow(img_sobel_v, cmap = 'gray')      #显示竖直 sobel 边缘图像
plt.figure()
plt.imshow(img_sobel, cmap = 'gray')        #显示 sobel 梯度图像
```

以上代码所得的索贝尔边缘图像和梯度图像如图 3-16 所示。图 3-16（a）为原始图像。将如图 3-15（a）所示的水平索贝尔算子作用于原始图像，可得到水平索贝尔边缘图像，如图 3-16（b）所示，其水平边缘较为明显。将如图 3-15（b）所示的竖直索贝尔算子作用于原始图像，可得到竖直索贝尔边缘图像，如图 3-16（c）所示，其竖直边缘较为明显。在以上代码中，索贝尔梯度图像的获取调用了 skimage.filters 中的索贝尔方法，索贝尔梯度图像如图 3-16（d）所示。索贝尔梯度图像也可以由图 3-16（b）和图 3-16

（c）的平方和的平方根求取。

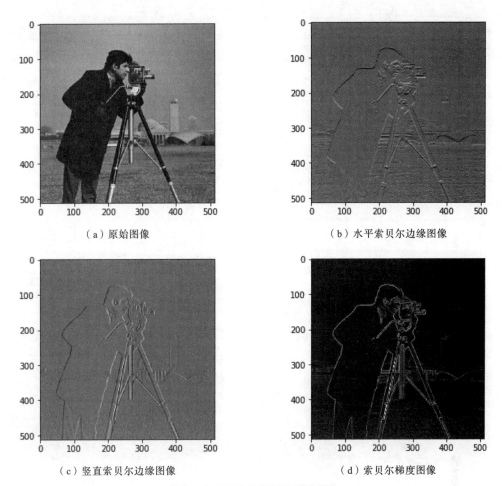

（a）原始图像　　　　　　　　　　　　（b）水平索贝尔边缘图像

（c）竖直索贝尔边缘图像　　　　　　　　（d）索贝尔梯度图像

图 3-16　索贝尔边缘图像和梯度图像

3.3.2　二阶微分算子

任意二阶微分的定义都必须满足以下 3 点：在灰度不变的区域微分值为 0；在灰度台阶或斜坡的起点处微分值非 0；沿着斜坡的微分值为 0。由于我们处理的是离散情况，因此微分用差分近似。对于一维函数 $f(x)$，其二阶微分的基本定义是：

$$\frac{\partial^2 f}{\partial x^2} = f(x+1) + f(x-1) - 2f(x)$$

对于二维图像 $f(x,y)$，将沿着两个空间坐标轴求解二阶微分：

$$\frac{\partial^2 f}{\partial x^2} = f(x+1,y) + f(x-1,y) - 2f(x,y) \qquad \frac{\partial^2 f}{\partial y^2} = f(x,y+1) + f(x,y-1) - 2f(x,y)$$

则拉普拉斯算子为：

$$\nabla^2 f = \frac{\partial^2 f}{\partial x^2} + \frac{\partial^2 f}{\partial x^2} = f(x+1,y) + f(x-1,y) + f(x,y+1) + f(x,y-1) - 4f(x,y)$$

拉普拉斯算子可用图 3-17（a）实现。上述拉普拉斯变换未考虑对角线元素，可以对其添加对角线元素项，并且更改中心项的系数，以保证模板系数和为 0，从而保证灰度恒定区域的微分值为0。扩展的拉普拉斯算子如式（3-9）所示。

$$\nabla^2 f = f(x+1,y) + f(x-1,y) + f(x,y+1) + f(x,y-1) + f(x-1,y-1) + f(x+1,y+1) - 8f(x,y)$$

$$（3-9）$$

扩展的拉普拉斯算子如图 3-17（b）所示。图 3-17（a）和图 3-17（b）的中心系数均为负数，在实践中并不经常使用，实践中常使用的两个拉普拉斯算子是图 3-17（a）和图 3-17（b）分别乘以系数-1所得，如图 3-17（c）和图 3-17（d）所示。

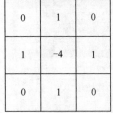
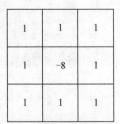
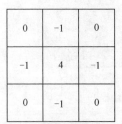
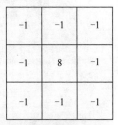

| （a）拉普拉斯算子 | （b）扩展的拉普拉斯算子 | （c）中心系数为正的拉普拉斯算子 | （d）中心系数为正的扩展的拉普拉斯算子 |

图 3-17 拉普拉斯算子和扩展的拉普拉斯算子

对原始图像使用拉普拉斯算子进行空间滤波可得到拉普拉斯图像，将拉普拉斯图像以一定比例叠加到原始图像（该比例系数的符号与拉普拉斯模板中心系数的符号一致），可对原始图像进行拉普拉斯锐化增强。拉普拉斯锐化增强的代码如下。

```python
from skimage import data, filters
from matplotlib import pyplot as plt
# img 为原始图像
img = data.camera()
# laplace
img_laplace = filters.laplace(img, ksize = 3, mask = None)
img_enhance = img + img_laplace
# 显示图像
plt.figure()
plt.imshow(img, cmap = 'gray')            #显示原始图像
plt.figure()
plt.imshow(img_laplace, cmap = 'gray')    #显示拉普拉斯图像
plt.figure()
plt.imshow(img_enhance, cmap = 'gray')    #显示锐化增强图像
```

拉普拉斯锐化增强结果如图 3-18 所示。图 3-18（a）为原始图像。对原始图像使用拉普拉斯算子进行空间滤波可得到拉普拉斯图像，如图 3-18（b）所示。将原始图像和拉普拉斯图像以一定比例叠加，可得到拉普拉斯锐化增强图像，如图 3-18（c）所示。对比图 3-16 和图 3-18，可发现一阶微分更加突出图像的边缘，二阶微分对灰度变化强烈的地方更敏感，更加突出图像的纹理结构。

（a）原始图像

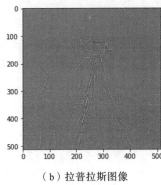
（b）拉普拉斯图像

（c）拉普拉斯锐化增强图像

图 3-18　拉普拉斯锐化增强结果

3.3.3　反锐化掩蔽

图像平滑处理有边缘和细节模糊的负面效应，因此可用原始图像减去平滑处理后的图像实现锐化处理，称为反锐化掩蔽。反锐化掩蔽处理包括 3 个步骤：首先通过平滑滤波得到模糊图像，然后从原始图像中减去模糊图像得到差值图像，最后将差值图像叠加到原始图像中。

原始图像 $f(x,y)$ 平滑处理所得的模糊图像为 $s(x,y)$，用原始图像减去模糊图像得到差值图像 $d(x,y)$，如式（3-10）所示。

$$d(x, y) = f(x, y) - s(x, y) \tag{3-10}$$

最后，将差值图像以一定比例叠加到原始图像，如式（3-11）所示。

$$g(x, y) = f(x, y) + c \times d(x, y) \tag{3-11}$$

其中，权重系数为 $c(c \geqslant 0)$。$c=1$ 时称为反锐化掩蔽，$c>1$ 时称为高提升滤波，$c<1$ 时不强调反锐化掩蔽效果。反锐化掩蔽的代码如下。

```python
import numpy as np
from scipy import signal
from skimage import data
from matplotlib import pyplot as plt
def correl2d(img, window):
    s = signal.correlate2d(img, window, mode ='same',boundary='fill')
    return s
# img 为原始图像
img = data.camera()
# 3×3 盒状滤波模板
window = np.ones((3, 3)) / (3 ** 2)
img_blur = correl2d(img, window)
img_edge = img - img_blur
img_enhance = img + img_edge
# 显示图像
plt.figure()
```

```
        plt.imshow(img, cmap = 'gray')                    #显示原始图像
        plt.figure()
        plt.imshow(img_blur, cmap = 'gray')               #显示模糊图像
        plt.figure()
        plt.imshow(img_edge, cmap = 'gray')               #显示差值图像
        plt.figure()
        plt.imshow(img_enhance, cmap = 'gray')    #显示锐化增强图像
```

反锐化掩蔽结果如图 3-19 所示。图 3-19（a）为原始图像。原始图像进行 3×3 盒状滤波产生了模糊图像，如图 3-19（b）所示。原始图像与模糊图像做差值运算，得到差值图像，如图 3-19（c）所示。差值图像中的边缘信息较为丰富。原始图像与差值图像相叠加可得到锐化增强图像，如图 3-19（d）所示。读者可以修改以上代码中原始图像与差值图像的叠加比例，以观察图像反锐化掩蔽和高提升滤波的效果。

（a）原始图像　　　　　　　　　　　　　　　（b）模糊图像

（c）差值图像　　　　　　　　　　　　　　　（d）锐化增强图像

图 3-19　反锐化掩蔽结果

3.4　混合空间增强

所谓混合空间增强，就是综合利用平滑滤波器、锐化滤波器、灰度拉伸等对图像进

行处理，得到更为理想的显示效果。本节将采用一个经典的案例对混合空间增强进行说明。由于人体全身骨骼扫描图像的灰度动态范围很窄，并且有很大的噪声内容，因此使用单一的滤波器对其进行增强效果一般。在本案例中，首先使用拉普拉斯锐化方法突出图像中的小细节，然后使用索贝尔梯度处理方法突出图像的边缘，并使用平滑的梯度图像用于掩蔽拉普拉斯锐化增强图像，最后使用灰度幂律变换增强图像的灰度动态范围，该案例的流程图如图 3-20 所示。该案例使用的原始图像为人体全身骨骼扫描图像，如图 3-21（a）所示。

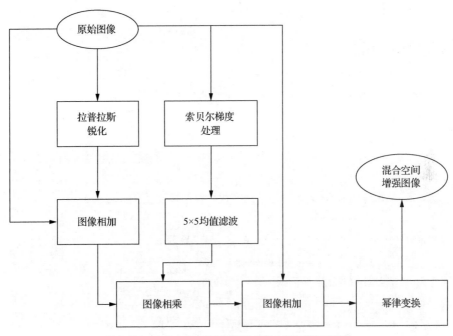

图 3-20　人体全身骨骼扫描图像的混合空间增强流程图

如图 3-20 所示，第一步对原始图像进行拉普拉斯锐化，得到拉普拉斯锐化图像；第二步将原始图像与拉普拉斯锐化图像相加，得到拉普拉斯锐化增强图像；第三步对原始图像进行索贝尔算子梯度处理，得到索贝尔图像；第四步使用 5×5 均值滤波器对索贝尔图像进行平滑，得到平滑的索贝尔图像；第五步将拉普拉斯锐化增强图像与平滑索贝尔图像相乘，得到掩蔽图像；第六步将原始图像与掩蔽图像相加，得到锐化增强图像；第七步对锐化增强图像进行灰度幂律变换，得到最终的结果。人体全身骨骼扫描图像的混合空间增强的代码如下。

```python
from skimage import io, filters
from matplotlib import pyplot as plt
import numpy as np
#图像空间滤波函数
def correl2d(img, window):
    m = window.shape[0]
    n = window.shape[1]
    #边界通过 0 灰度值填充扩展
```

```
        img1 = np.zeros((img.shape[0] + m - 1, img.shape[1] + n - 1))
        img1[(m - 1) // 2 : (img.shape[0] + (m - 1) // 2) , (n - 1) //
2: (img.shape[1] + (n - 1) // 2)] = img
        img2 = np.zeros(img.shape)
        for i in range(img2.shape[0]):
            for j in range(img2.shape[1]):
                temp = img1[i : i + m, j: j + n]
                img2[i,j] = np.sum(np.multiply(temp, window))
        return img2
    # img 为原始图像
    img = io.imread('boneScan.tif', as_gray = True)
    # img_laplace 为原始图像经过拉普拉斯变换后的结果
    window = np.array([[-1, -1, -1], [-1, 8, -1], [-1, -1, -1]])
    img_laplace = correl2d(img, window)
    img_laplace = 255 * (img_laplace - img_laplace.min())/(img_
laplace.max() - img_laplace.min())
    # 将 img 和 img_laplace 相加得到锐化增强图像 img_laplace
    img_laplace_enhance = img + img_laplace
    # img_sobel 为对原始图像 img 进行 sobel 处理的结果
    img_sobel = filters.sobel(img)
    #使用 5×5 均值滤波器平滑后的 sobel 图像
    window_mean = np.ones((5, 5)) / (5 ** 2)
    img_sobel_mean = correl2d(img_sobel, window_mean)
    # 将 img_laplace_enhance 与 img_sobel_mean 相乘得到锐化结果
    img_mask = img_laplace_enhance * img_sobel_mean
    # 将原始图像 img 与锐化图像 img_sharp 相加得到锐化增强图像
    img_sharp_enhance = img + img_mask
    # 对 img_sharp_enhance 进行灰度幂律变换得到最终结果
    img_enhance = img_sharp_enhance ** 0.5
    # 显示图像
    imgList = [img, img_laplace, img_laplace_enhance, img_sobel,
img_sobel_mean, img_mask, img_sharp_enhance, img_enhance]
    for grayImg in imgList:
        plt.figure()
        plt.axis('off')
        plt.imshow(grayImg, cmap = 'gray')
```

人体全身骨骼扫描图像的混合空间增强结果如图 3-21 所示。图 3-21（a）为原始图像。图 3-21（b）为原始图像经过拉普拉斯变换后的结果，其细节信息特别丰富，但是噪声也特别多。图 3-21（c）为原始图像与拉普拉斯变换图像相加所得的拉普拉斯锐化增强图像。图 3-21（d）为原始图像经过索贝尔算子处理的结果，其边缘信息特别丰富。对图 3-21（d）进行 5×5 空间平滑滤波，得到图 3-21（e），对比图 3-21（d）和图 3-21（e）可发现，图 3-21（e）保留了图像的边缘信息，同时减小了索贝尔图像的噪声。本案例中将拉普拉斯锐化增强图 3-21（c）与平滑后的索贝尔图 3-21（e）相乘得到掩蔽图 3-21（f），可以发现图 3-21（f）的强边缘的优势和可见噪声的相对减少，达到了用平滑后的梯度图像掩蔽拉普拉斯图像的效果。将原始图像与掩蔽图像相加可得到锐化增强图像，可以发现图 3-21（g）比原始图像的大部分细节更为清晰。为了增大灰度图像的动态范围，提高图像的对比度，对图 3-21（h）进行灰度幂律变换，可发现幂律变换后增大了一些噪声，但是人体的整个骨架结构更完整，也更显著，人体轮廓的清晰度也有了一定的提高。

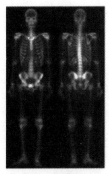

（a）原始图像

（b）原始图像经过
拉普拉斯变换后的结果

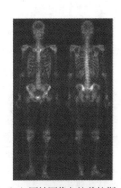

（c）原始图像与拉普拉斯
变换图像相加所得的
拉普拉斯锐化增强图像

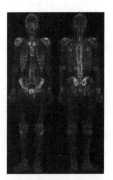

（d）原始图像经过索贝尔
算子处理的结果

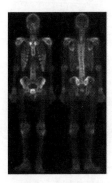

（e）使用5×5均值滤波器
对图像（d）进行平滑所得
的索贝尔图像

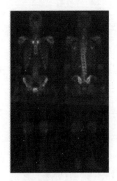

（f）将拉普拉斯锐化增强
图像与平滑索贝尔图像相
乘所得的掩蔽图像

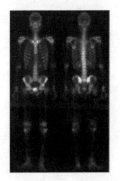

（g）原始图像与掩蔽图像
相加所得的锐化增强图像

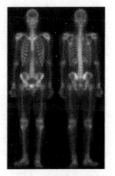

（h）对锐化增强图像进行
灰度幂律变换所得的最终结果

图 3-21　人体全身骨骼扫描图像的混合空间增强结果

3.5　小结

本章首先对空间滤波进行了简要介绍。接着 3.1 节讲述了空间滤波的基础知识，详细讲解了空间滤波的机理，介绍了空间滤波模板。空间滤波主要包括平滑处理与锐化处理。3.2 节讲述了平滑处理，详细讨论了如何采用平滑线性空间滤波器和统计排序滤波器对图像进行简单的处理。3.3 节讲述了锐化处理，主要讨论了一阶微分算子、二阶微分算子和反锐化掩蔽。3.4 节使用人体全身骨骼扫描图像的混合空间增强案例向读者说明了如何综合利用平滑滤波器、锐化滤波器、灰度拉伸等，结合具体目标对图像进行处理。最后对全章内容进行了总结。

3.6 本章练习

1. 尝试使用 Python，实现彩色图像的盒状滤波。

2. 分析本章所学的平滑模板和锐化模板为何可以分别达到平滑和锐化效果？

3. 尝试使用 Python，自定义中值滤波器，并观察中值滤波器对椒盐噪声的处理效果。

4. 尝试使用 Python，使用混合空间增强方法对 skimage.data 中的 camera 图像进行处理，使得图像中的摄影师更加清晰。

04 chapter

频域滤波

　　著名的法国数学家傅里叶在其著作《热分析理论》中指出：任何周期函数都可以分解为不同频率的正弦或余弦级数的形式，即傅里叶级数。该方法从本质上完成了空间信息到频域信息的变换，通过变换将空间域信号处理问题转化为频域信号处理问题。20 世纪 50 年代之后，计算机的发展以及快速傅里叶变换算法的出现，使得频域滤波相关技术得到了广泛的发展。

　　形象地讲，傅里叶变换可以看作是"数学中的棱镜"，可以将任何周期函数分解为不同频率的信号成分。频域变换为信号处理提供了不同的思路，有时在空间域无法处理的问题，通过频域变换却变得非常容易。傅里叶变换是 19 世纪数学界和工程界最辉煌的成果之一，并且一直是信号处理领域应用最广泛、实践效果较好的分析手段。

频域变换也是众多图像变换技术中的一种。为了更加有效地对数字图像进行处理，常常需要将原始图像以某种方式变换到另外一个空间，并利用图像在变换空间中的特有性质对图像信息进行加工，然后再转换回图像空间就可以得到所需的效果。类似此类的转换方法称为图像变换技术。图像变换是双向的，一般将从图像空间转换到其他空间的操作称为正变换，由其他空间转换回图像空间称为逆变换或者逆变换。图像变换示意如图 4-1 所示。

图 4-1　图像变换

傅里叶变换中将图像看作二维信号，其水平方向和垂直方向作为二维空间的坐标轴，将图像本身所在的域称为空间域。图像灰度值随空间坐标变换的节奏可以通过频率度量，称为空间频率或者频域。针对数字图像的傅里叶变换是将原始图像通过傅里叶变换转换到频域，然后在频域中对图像进行处理的方法。基于傅里叶变换的数字图像频域处理过程如图 4-2 所示。首先通过正向傅里叶变换将原始图像从空间域转换到频域。然后使用频域滤波器将某些频率成分过滤掉，保留某些特定频率。最后使用傅里叶逆变换将滤波后的频域图像重新转换到空间域，得到处理后的图像。

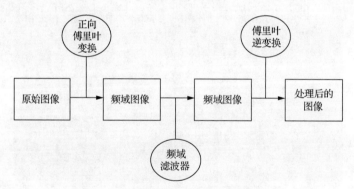

图 4-2　基于傅里叶变换的数字图像频域处理过程

相较于图像空间域处理，频域图像处理有以下优点。

①频域图像处理可以通过频域成分的特殊性质完成一些空间域图像处理难以完成的任务。②频域图像处理更有利于信号处理的解释，它可以对滤波过程中产生的某些效果做出比较直观的解释。③频域滤波器可以作为空间滤波器设计的指导，通过傅里叶逆变换可以将频域滤波器转换为空间域变换的操作。通过频域滤波做前期设计，然后实施阶段用空间域滤波实现。

本章主要以傅里叶变换为案例介绍基于空间域滤波对数字图像进行处理的相关技术，具体内容包括：4.1 节讲解傅里叶变换，4.2 节介绍傅里叶变换的性质，4.3 节讲解快速傅里叶变换，4.4 节对常用的图像频域滤波进行介绍。

4.1 傅里叶变换

傅里叶变换是一种常见的正交数学变换，可以将一维信号或函数分解为具有不同频率、不同幅度的正弦信号或余弦信号的组合。快速傅里叶变换算法的发明及数字计算机的出现，使傅里叶变换得到了广泛应用。

傅里叶分析中最重要的结论是几乎"所有"信号或函数都可以分解成简单的正弦波和余弦波之和，从而提供了一种具有物理意义的函数表达方式。傅里叶变换的核心贡献在于：①如何求出每种正弦波和余弦波的比例（频率）；②给定每种正弦波和余弦波的比例，可以恢复出原始信号。

一种简单的傅里叶变换如图 4-3 所示。本节首先对一维傅里叶变换进行简单介绍，并给出傅里叶变换的简单实现。然后将一维傅里叶变换扩展到二维空间，并给出二维傅里叶变换的简单实现。

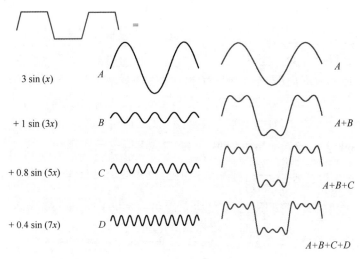

图 4-3　一种简单的傅里叶变换示意

4.1.1　一维傅里叶变换

傅里叶变换中一般要求函数 $f(x)$ 满足狄利克雷条件（即在周期内存在有限个间断点）、有限极值条件、绝对可积条件（即 $\int_{-\infty}^{\infty} |f(x)| \mathrm{d}x < +\infty$），只有满足这 3 个条件，函数的傅里叶变换才是存在的。一个函数的傅里叶变换可以表示为

$$F(u) = \int_{-\infty}^{\infty} f(x)\mathrm{e}^{-\mathrm{j}2\pi ux}\mathrm{d}x$$

其对应的傅里叶逆变换表示为

$$f(x) = \int_{-\infty}^{\infty} F(u)\mathrm{e}^{\mathrm{j}2\pi ux}\mathrm{d}u$$

其中 $\mathrm{j} = \sqrt{-1}$，u 为频率分量。

傅里叶变换中基函数的物理意义非常明确，每个基函数都是一个单频率谐波，对应的系数（又称频谱）表明了原函数在此基函数上投影的大小，或者也可以看作原函数中此种频率谐波成分的比重。

实际应用中需要求解的更多问题是离散信号的处理。定义离散情况的傅里叶变换公式 $f(x)$，其中 $x = 0,1,\cdots,M-1$，则其傅里叶正变换为：

$$F(u) = \frac{1}{M}\sum_{x=0}^{M-1}f(x)\mathrm{e}^{-\mathrm{j}2\pi ux/M} \qquad u = 0,1,\cdots,M-1$$

傅里叶逆变换为：

$$f(x) = \sum_{x=0}^{M-1}F(u)\mathrm{e}^{\mathrm{j}2\pi ux/M} \qquad x = 0,1,\cdots,M-1$$

观察傅里叶逆变换，通过欧拉公式 $\mathrm{e}^{\mathrm{j}\theta} = \cos\theta + \mathrm{j}\sin\theta$，可得：

$$\begin{aligned}f(x) &= \frac{1}{M}\sum_{u=0}^{M-1}F(u)\mathrm{e}^{\mathrm{j}2\pi ux/M}\\ &= \frac{1}{M}\sum_{u=0}^{M-1}F(u)[\cos(2\pi ux/M) + \mathrm{j}\sin(2\pi ux/M)]\end{aligned}$$

可以看到，空间域函数 $f(x)$ 可表示为 M 个正弦（余弦）函数的累加，其中 $F(u)/M$ 为对应频率分量的幅度（系数）。$F(u)$ 覆盖的域（即 u 值的取值范围）称为频域。令 $u=0$，可得 $F(0) = \frac{1}{M}\sum_{x=0}^{M-1}f(x)$，$F(0)$ 对应 $f(x)$ 的均值，又可称为直流分量。其余 u 值对应的 $F(u)$ 则称为 $f(x)$ 的交流分量。通过变量 u 可以确定变换后的频率成分，而 u 的取值范围称为频域。对每个 u 值，其对应的 $F(u)$ 称为傅里叶变换的频率分量（或称振幅）。

可以注意到傅里叶变换后的函数是在复数域内，又可以表示为 $F(u)=R(u) + \mathrm{j}I(u)$，或者以极坐标的形式表示为 $F(u)=|F(u)|\mathrm{e}^{\phi(u)}$。这里把 $|F(u)|=[R^2(u) + I^2(u)]^{1/2}$ 称为傅里叶变换的幅度（Magnitude）或者谱（Spectrum）。通过谱可以表示原函数（或图像）对某一频谱分量的贡献。$\phi(u) = \arctan\left[\dfrac{I(u)}{R(u)}\right]$ 称为变换的相位角或者相位谱，用来表示原函数中某一频谱分量的起始位置。谱的平方称为功率谱（有时也叫能量谱、谱密度），表示为 $P(u) = F^2(u)=R^2(u) + I^2(u)$。下面通过示例讲解傅里叶变换。

例：

$f(x)$ 是门限函数，其表达式为：

$$f(x) = \begin{cases} A & (0 \leqslant x < X)\\ 0 & (x \geqslant X)\end{cases}$$

求其傅里叶变换。

解：

$$\begin{aligned}F(u) &= \int_{-\infty}^{\infty}f(x)\mathrm{e}^{-\mathrm{j}2\pi ux}\mathrm{d}x\\ &= \int_{0}^{X}A\mathrm{e}^{-\mathrm{j}2\pi ux}\mathrm{d}x\\ &= \frac{A}{-\mathrm{j}2\pi u}\Big[\mathrm{e}^{-\mathrm{j}2\pi ux}\Big]_0^X = \frac{-A}{\mathrm{j}2\pi u}\Big[\mathrm{e}^{-\mathrm{j}2\pi uX} - 1\Big]\\ &= \frac{A}{\mathrm{j}2\pi u}\Big[\mathrm{e}^{\mathrm{j}\pi uX} - \mathrm{e}^{-\mathrm{j}\pi uX}\Big]\mathrm{e}^{-\mathrm{j}\pi uX}\\ &= \frac{A}{\pi u}\sin(\pi uX)\mathrm{e}^{-\mathrm{j}\pi uX}\end{aligned}$$

该门限函数及其傅里叶变换后的函数图像如图 4-4 所示。

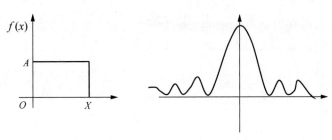

图 4-4　门限函数及其傅里叶变换后的函数图像

下面给出一组函数及其傅里叶变换的示例代码。

```python
import matplotlib.pyplot as plt
import numpy as np
"""
中文显示工具函数
"""
def set_ch():
    from pylab import mpl
    mpl.rcParams['font.sans-serif']=['FangSong']
    mpl.rcParams['axes.unicode_minus']=False
set_ch()
def show(ori_func, ft, sampling_period = 5):
    n = len(ori_func)
    interval = sampling_period / n
    # 绘制原始函数
    plt.subplot(2, 1, 1)
    plt.plot(np.arange(0, sampling_period, interval), ori_func,'black')
    plt.xlabel('时间'), plt.ylabel('振幅')
    plt.title('原始信号')
    # 绘制变换后的函数
    plt.subplot(2,1,2)
    frequency = np.arange(n / 2) / (n * interval)
    nfft = abs(ft[range(int(n / 2))] / n )
    plt.plot(frequency, nfft, 'red')
    plt.xlabel('频率 (Hz)'), plt.ylabel('频谱')
    plt.title('傅里叶变换结果')
    plt.show()
# 生成频率为 1（角速度为 2 × pi）的正弦波
time = np.arange(0, 5, .005)
x = np.sin(2 * np.pi * 1 * time)
y = np.fft.fft(x)
show(x, y)
```

单一正弦波傅里叶变换结果如图 4-5 所示。

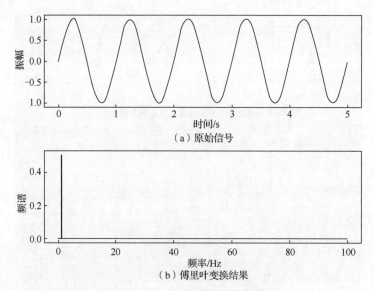

图 4-5　单一正弦波傅里叶变换结果

继续上述代码，对 3 个正弦波形进行叠加，然后进行傅里叶变换。

```
# 将其与频率为 20 和 60 的波叠加起来
x2 = np.sin(2 * np.pi * 20 * time)
x3 = np.sin(2 * np.pi * 60 * time)
x += x2 + x3
y = np.fft.fft(x)
show(x, y)
```

3 个正弦波形叠加的傅里叶变换结果如图 4-6 所示。

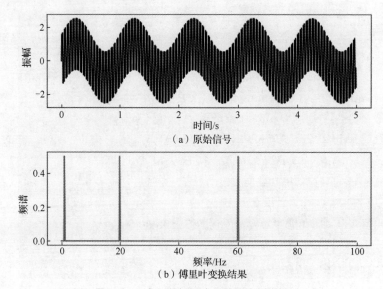

图 4-6　3 个正弦波形叠加的傅里叶变换结果

下面进行方波傅里叶变换。

```
# 生成方波，振幅是 1，频率为 10Hz
# 我们的间隔是 0.05s，每秒有 200 个点
# 所以需要每隔 20 个点设为 1
x = np.zeros(len(time))
x[::20] = 1
y = np.fft.fft(x)
show(x, y)
```

方波的傅里叶变换结果如图 4-7 所示。

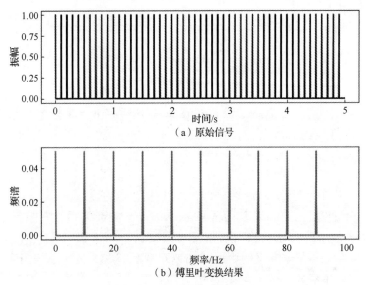

图 4-7　方波的傅里叶变换结果

下面进行脉冲波的傅里叶变换。

```
# 生成脉冲波
x = np.zeros(len(time))
x[380:400] = np.arange(0, 1, .05)
x[400:420] = np.arange(1, 0, -.05)
y = np.fft.fft(x)
show(x, y)
```

脉冲波的傅里叶变换结果如图 4-8 所示。

4.1.2　二维傅里叶变换

二维傅里叶变换本质上是将一维傅里叶变换情形向二维进行简单扩展：

$$F(u,v) = \int_{-\infty}^{+\infty} \int_{-\infty}^{+\infty} f(x,y) \mathrm{e}^{-\mathrm{j}2\pi(ux+vy)} \mathrm{d}x\mathrm{d}y$$

对应二维傅里叶变换的逆变换可以表示为：

$$f(x,y) = \int_{-\infty}^{+\infty} \int_{-\infty}^{+\infty} F(u,v) \mathrm{e}^{\mathrm{j}2\pi(ux+vy)} \mathrm{d}u\mathrm{d}v$$

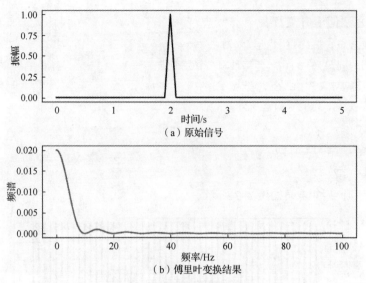

（a）原始信号

（b）傅里叶变换结果

图 4-8　脉冲波的傅里叶变换结果

离散情形完全与连续形式类似。设 $f(x,y)$ 是一幅尺寸为 $M \times N$ 的图像函数，相应的二维离散傅里叶变换可以表示为：

$$F(u,v) = \frac{1}{MN} \sum_{x=0}^{M-1} \sum_{y=0}^{N-1} f(x,y) \exp[-j2\pi(ux/M + vy/N)]$$

其中 $u=0, \cdots, M-1$；$v=0, \cdots, N-1$

u、v 均为频率分量。通过傅里叶变换 $F(u,v)$ 失去了空间关系，只保留了频率关系。其中空间域是由 $f(x,y)$ 所张成的坐标系，x 和 y 是变量。而频域则是由 $F(u,v)$ 所张成的坐标系，u 和 v 是变量。u 和 v 定义的矩形区域称为频率矩形，其大小与图像 $f(x,y)$ 的大小相同。$F(u,v)$ 是傅里叶系数。

该图像函数对应的傅里叶逆变换可以表示为：

$$f(x,y) = \sum_{u=0}^{M-1} \sum_{v=0}^{N-1} F(u,v) \exp[j2\pi(ux/M + vy/N)]$$

针对正方形图像，如果图像 $f(x,y)$ 是 $N \times N$ 的图像，则其离散傅里叶正变换可以简化如下：

$$F(u,v) = \frac{1}{N} \sum_{x=0}^{N-1} \sum_{y=0}^{N-1} f(x,y) \exp\left[-j2\pi\left(\frac{ux+vy}{N}\right)\right]$$

其中 $u=0, \cdots, N-1$；$v=0, \cdots, N-1$

对应的傅里叶逆变换可简化如下：

$$f(x,y) = \frac{1}{N} \sum_{u=0}^{N-1} \sum_{v=0}^{N-1} F(u,v) \exp\left[j2\pi\left(\frac{ux+vy}{N}\right)\right]$$

使用欧拉公式对离散傅里叶公式进行展开，可得：

$$F(u,v) = \frac{1}{N} \sum_{x=0}^{N-1} \sum_{y=0}^{N-1} f(x,y) \left\{\cos\left[\frac{-2\pi(ux+vy)}{N}\right] + j\sin\left[\frac{-2\pi(ux+vy)}{N}\right]\right\}$$

进一步可以表示为：

$$F(u,v) = R(u,v) + jI(u,v) = |F(u,v)| \exp[j\varphi(u,v)]$$

其中 $|F(u,v)| = \left[R^2(u,v) + I^2(u,v) \right]^{1/2}$ 又称为谱，谱图像就是将 $|F(u,v)|$ 作为亮度进行可视化，而 $\varphi(u,v) = \arctan[I(u,v)/R(u,v)]$ 称为相位谱。

下面给出二维傅里叶变换的对应实现代码及结果。

```python
from skimage import data
import numpy as np
from matplotlib import pyplot as plt
"""
中文显示工具函数
"""
def set_ch():
    from pylab import mpl
    mpl.rcParams['font.sans-serif']=['FangSong']
    mpl.rcParams['axes.unicode_minus']=False
set_ch()
img = data.camera()
f = np.fft.fft2(img)  # 快速傅里叶变换算法得到频率分布
fshift = np.fft.fftshift(f)  # 默认结果中心点位置是在左上角，转移到中间位置
fimg = np.log(np.abs(fshift))  # fft 结果是复数，求绝对值结果才是振幅
# 展示结果
plt.subplot(121), plt.imshow(img, 'gray'), plt.title('原始图像')
plt.subplot(122), plt.imshow(fimg, 'gray'), plt.title('傅里叶频谱')
plt.show()
```

一般图像的二维傅里叶变换结果如图 4-9 所示。

（a）原始图像　　　　　　　　（b）傅里叶频谱

图 4-9　一般图像的二维傅里叶变换结果

对代码进行修改，看一下棋盘图像对应的傅里叶变换，变换结果如图 4-10 所示。

```
from skimage import data
import numpy as np
from matplotlib import pyplot as plt
"""
中文显示工具函数
"""
def set_ch():
    from pylab import mpl
    mpl.rcParams['font.sans-serif']=['FangSong']
    mpl.rcParams['axes.unicode_minus']=False
set_ch()
img = data.checkerboard()
f = np.fft.fft2(img) # 使用快速傅里叶变换算法得到频率分布
fshift = np.fft.fftshift(f) # 默认结果中心点位置是在左上角，转移到中间位置
fimg = np.log(np.abs(fshift)) # fft 结果是复数，求绝对值结果才是振幅
# 展示结果
plt.subplot(121), plt.imshow(img, 'gray'), plt.title('原始图像')
plt.subplot(122), plt.imshow(fimg, 'gray'), plt.title('傅里叶频谱')
plt.show()
```

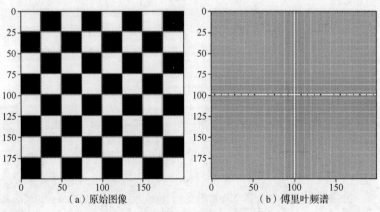

(a) 原始图像　　　　　　(b) 傅里叶频谱

图 4-10　棋盘图像的傅里叶变换结果

　　图像经傅里叶变换后，直流分量与图像均值成正比，高频分量则表明了图像中目标边缘的强度及方向。二维傅里叶变换的极坐标表示如下：

$$F(u) = |F(u,v)| e^{-j\varphi(u,v)}$$

其中 $|F(u,v)| = \sqrt{R^2(u,v) + I^2(u,v)}$ 称为谱，$\varphi(u,v) = \arctan\left[\dfrac{I(u,v)}{R(u,v)}\right]$ 称为相位谱，而 $P(u,v) = R^2(u,v) + I^2(u,v)$ 称为功率谱。

4.2 傅里叶变换的性质

二维傅里叶变换须用到一维傅里叶变换的理论，故其具有一维傅里叶变换所具有的基本性质，同时也具有二维傅里叶变换的特有性质。下面将从两个侧面（即傅里叶变换的基本性质和二维傅里叶变换的性质）入手描述二维傅里叶变换的性质。

4.2.1 傅里叶变换的基本性质

1. 线性特性

傅里叶变换的线性特性可以表示为：

若　$f_1(t) \leftrightarrow F_1(\Omega)$，$f_2(t) \leftrightarrow F_2(\Omega)$，

则　$af_1(t) + bf_2(t) \leftrightarrow aF_1(\Omega) + bF_2(\Omega)$。

其中 a、b 为任意常数，利用傅里叶变换的线性特性，可以将待求信号分解为若干基本信号之和。

证：

$$\int_{-\infty}^{\infty} \left[af_1(t) + bf_2(t) \right] e^{-j\Omega t} dt$$

$$= a \int_{-\infty}^{\infty} f_1(t) e^{-j\Omega t} dt + b \int_{-\infty}^{\infty} f_2(t) e^{-j\Omega t} dt$$

$$= aF_1(\Omega) + bF_2(\Omega)$$

2. 时延特性

傅里叶变换的时延(移位)特性可以表示为：

若　$f(t) \leftrightarrow F(\Omega)$，

则　$f_1(t) = f(t - t_0) \leftrightarrow F_1(\Omega) = F(\Omega) e^{-j\Omega t_0}$。

时延（移位）特性说明波形在时间轴上时延，并不会改变信号幅度，仅使信号增加 $-\Omega t_0$ 线性相位。

证：

$$\int_{-\infty}^{\infty} f(t - t_0) e^{-j\Omega t} dt$$

$$= \int_{-\infty}^{\infty} f(x) e^{-j\Omega(x + t_0)} dx$$

$$= e^{-j\Omega t_0} \int_{-\infty}^{\infty} f(x) e^{-j\Omega x} dx$$

$$= F(j\Omega) e^{-j\Omega t_0}$$

图 4-11 展示了时延移位对傅里叶频谱的影响。

3. 频移特性

傅里叶变换的频移（调制）特性表示为：

若　$f(t) \leftrightarrow F(\Omega)$，

则　$f(t) e^{j\Omega_0 t} \leftrightarrow F(\Omega - \Omega_0)$。

频移（调制）特性表明信号在时域中与复因子 $e^{j\Omega_0 t}$ 相乘，则在频域中将使整个频谱

搬移 Ω_0 。

证：

$$\int_{-\infty}^{\infty} f(t)\mathrm{e}^{\mathrm{j}\Omega_0 t}\mathrm{e}^{-\mathrm{j}\Omega t}\mathrm{d}t$$

$$= \int_{-\infty}^{\infty} f(t)\mathrm{e}^{-\mathrm{j}(\Omega-\Omega_0)t}\mathrm{d}t$$

$$= F(\Omega-\Omega_0)$$

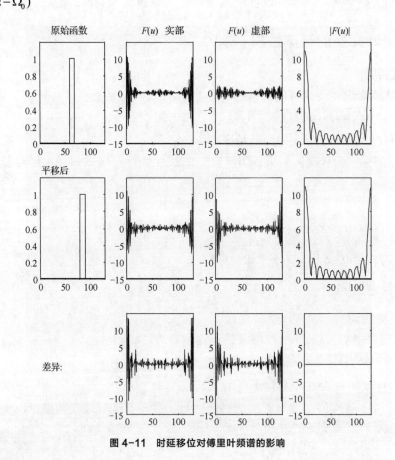

图 4-11　时延移位对傅里叶频谱的影响

4. 尺度变换

傅里叶变换的尺度变换特性表示为：

若　$f(t)\leftrightarrow F(\Omega)$，

则　$f(at)\leftrightarrow \dfrac{1}{|a|}F\left(\dfrac{\Omega}{a}\right)$，其中 $a\neq0$ 。

尺度特性说明，信号在时域中压缩，在频域中扩展；反之，信号在时域中扩展，在频域中就一定压缩；即信号的脉宽与频宽成反比。一般来说，时宽有限的信号，其频宽无限，反之亦然。可以理解为信号波形压缩为 $\dfrac{1}{a}$ 或扩展 a 倍，信号随时间变化的速度加快 a 倍或减慢为 $\dfrac{1}{a}$ ，所以信号包含的频率分量增加 a 倍或减少 $\dfrac{1}{a}$ ，频谱展宽 a 倍或压缩为 $\dfrac{1}{a}$ 。又因能量守恒原理，各频率分量的大小减小为 $\dfrac{1}{a}$ 或增加 a 倍。针对门限函数的尺度变换及其傅里叶变换结果如图 4-12 所示。

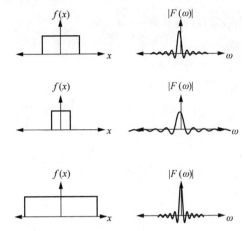

图 4-12　针对门限函数的尺度变换及其傅里叶变换结果

5．时域微分特性

傅里叶变换的时域微分特性表示为：

若　$f(t) \leftrightarrow F(\Omega)$，

则　$\dfrac{\mathrm{d}f(t)}{\mathrm{d}t} \leftrightarrow \mathrm{j}\Omega F(\Omega)$。

证：

$$\frac{\mathrm{d}f(t)}{\mathrm{d}t} = \frac{1}{2\pi}\frac{\mathrm{d}}{\mathrm{d}t}\left[\int_{-\infty}^{\infty} F(\Omega)\mathrm{e}^{\mathrm{j}\Omega t}\mathrm{d}\Omega\right] \qquad （交换微分、积分运算次序）$$

$$= \frac{1}{2\pi}\int_{-\infty}^{\infty} F(\Omega)\left(\frac{\mathrm{d}}{\mathrm{d}t}\mathrm{e}^{\mathrm{j}\Omega t}\right)\mathrm{d}\Omega$$

$$= \frac{1}{2\pi}\int_{-\infty}^{\infty} \mathrm{j}\Omega F(\Omega)\mathrm{e}^{\mathrm{j}\Omega t}\mathrm{d}\Omega$$

所以

$\dfrac{\mathrm{d}f(t)}{\mathrm{d}t} \leftrightarrow \mathrm{j}\Omega F(\Omega)$。

同理，可推广到高阶导数的傅里叶变换：

$\dfrac{\mathrm{d}f^{n}(t)}{\mathrm{d}t^{n}} \leftrightarrow (\mathrm{j}\Omega)^{n} F(\Omega)$，

其中 $\mathrm{j}\Omega$ 是微分因子。

6．频域微分特性

傅里叶变换的频域微分特性表示为

若　$f(t) \leftrightarrow F(\Omega)$，

则　$\dfrac{\mathrm{d}F(\Omega)}{\mathrm{d}\Omega} \leftrightarrow (-\mathrm{j}t)f(t)$。

一般频域微分特性的实用形式为

$\mathrm{j}\dfrac{\mathrm{d}F(\Omega)}{\mathrm{d}\Omega} \leftrightarrow tf(t)$，

对频谱函数的高阶导数也成立，即

$$\frac{\mathrm{d}F^n(\Omega)}{\mathrm{d}\Omega^n} \leftrightarrow (-\mathrm{j}t)^n f(t) \text{ 或 } t^n f(t) \leftrightarrow \mathrm{j}^n \frac{\mathrm{d}^n F(\Omega)}{\mathrm{d}\Omega^n}。$$

7. 对称（偶）性

傅里叶变换的对称性表示为

若　$f(t) \leftrightarrow F(\Omega)$，

则　$F(t) \leftrightarrow 2\pi f(-\Omega)$

或　$\dfrac{1}{2\pi} F(t) \leftrightarrow f(-\Omega)$。

8. 时域卷积定理

傅里叶变换的时域卷积定理表示为

若　$f_1(t) \leftrightarrow F_1(\Omega)$，$f_2(t) \leftrightarrow F_2(\Omega)$，

则　$f_1(t) * f_2(t) \leftrightarrow F_1(\Omega)F_2(\Omega)$。

证：

$$f_1(t) * f_2(t) \leftrightarrow$$

$$\int_{-\infty}^{\infty} \left[\int_{-\infty}^{\infty} f_1(\tau) f_2(t-\tau)\mathrm{d}\tau \right] \mathrm{e}^{-\mathrm{j}\Omega t}\mathrm{d}t \qquad （交换积分次序）$$

$$= \int_{-\infty}^{\infty} f_1(\tau) \left[\int_{-\infty}^{\infty} f_2(t-\tau)\mathrm{e}^{-\mathrm{j}\Omega t}\mathrm{d}t \right]\mathrm{d}\tau \qquad （利用时延性）$$

$$= \int_{-\infty}^{\infty} f_1(\tau)F_2(\Omega)\mathrm{e}^{-\mathrm{j}\Omega \tau}\mathrm{d}\tau$$

$$= F_1(\Omega)F_2(\Omega)$$

根据这个性质，可将两个时间函数的卷积运算变为两个频谱函数的相乘（代数）运算。由此可以用频域法求解信号通过系统的响应。

9. 频域卷积定理

傅里叶变换的频域卷积定理表示为

若　$f_1(t) \leftrightarrow F_1(\Omega)$，$f_2(t) \leftrightarrow F_2(\Omega)$，

则　$f_1(t)f_2(t) \leftrightarrow \dfrac{1}{2\pi} F_1(\Omega) * F_2(\Omega)$。

证：$\dfrac{1}{2\pi} F_1(\Omega) * F_2(\Omega)$

$$= \frac{1}{2\pi} \int_{-\infty}^{\infty} F_1(u)F_2(\Omega-u)\mathrm{d}u$$

$$\leftrightarrow \frac{1}{2\pi} \int_{-\infty}^{\infty} \left[\frac{1}{2\pi} \int_{-\infty}^{\infty} F_1(u)F_2(\Omega-u)\mathrm{d}u \right]\mathrm{e}^{\mathrm{j}\Omega t}\mathrm{d}\Omega \qquad （交换积分次序）$$

$$= \frac{1}{2\pi} \int_{-\infty}^{\infty} F_1(u) \left[\frac{1}{2\pi} \int_{-\infty}^{\infty} F_2(\Omega-u)\mathrm{e}^{\mathrm{j}\Omega t}\mathrm{d}\Omega \right]\mathrm{d}u \qquad （利用移频性）$$

$$= \frac{1}{2\pi} \int_{-\infty}^{\infty} F_1(u)f_2(t)\mathrm{e}^{\mathrm{j}ut}\mathrm{d}u$$

$$= f_1(t)f_2(t)$$

通过该定理，可以指导空间域的乘法操作对应频域卷积操作。

4.2.2　二维傅里叶变换的性质

相较于一维傅里叶变换，二维傅里叶变换还具有可分离性、平移特性、旋转特性等特性。

1. 可分离性

二维离散傅里叶变换（DFT）可视为由沿 x、y 方向的两个一维傅里叶变换所构成。这一性质可以有效降低二维傅里叶变换的计算复杂性。

如：

$$F(u,v) = \frac{1}{N^2} \sum_{x=0}^{N-1} e^{-j2\pi ux/N} \cdot \sum_{y=0}^{N-1} f(x,y) e^{-j2\pi vy/N}$$

傅里叶逆变换也可以进行分离：

$$f(x,y) = \sum_{u=0}^{N-1} e^{-j2\pi ux/N} \cdot \sum_{v=0}^{N-1} F(u,v) e^{-j2\pi vy/N}$$

这样，原本在 O_{xy} 或 O_{uv} 平面需要 $O(N^2)$ 时间复杂度才可以完成的操作，经过分离之后可以由 x 和 y 方向的两次时间复杂度为 $O(N)$ 的一维傅里叶变换操作代替。逆变换同理。使用两次一维傅里叶变换代替二维傅里叶变换的结果如图 4-13 所示。

```python
from skimage import data,color
import numpy as np
from matplotlib import pyplot as plt
img = data.coffee()
img1=img
img=color.rgb2gray(img)
#在 x 方向实现傅里叶变换
m,n=img.shape
fx=img
for x in range(n):
    fx[:,x]=np.fft.fft(img[:,x])
for y in range(m):
    fx[y,:]=np.fft.fft(img[y,:])
fshift = np.fft.fftshift(fx)      # 默认结果中心点位置在左上角,转移到中间位置
fimg = np.log(np.abs(fshift)) # fft 结果是复数, 求绝对值结果才是振幅
# 展示结果
plt.subplot(121), plt.imshow(img1, 'gray'), plt.title('原始图像')
plt.subplot(122), plt.imshow(fimg, 'gray'), plt.title('两次一维傅里叶变换后的图像')
plt.show()
```

（a）原始图像　　　　　　　　　　（b）两次一维傅里叶变换后的图像

图 4-13　使用两次一维傅里叶变换代替二维傅里叶变换的结果

2. 平移特性

二维傅里叶变换的平移特性表示如下：

$$f(x,y)e^{j2\pi(u_0x/M+v_0y/N)} \Leftrightarrow F(u-u_0,v-v_0)$$
$$f(x-x_0,y-y_0) \Leftrightarrow F(u,v)e^{-j2\pi(ux_0/M+v_0y/N)}$$

$f(x,y)$ 在空间平移了，相当于把傅里叶变换与一个指数相乘。$f(x,y)$ 在空间与一个指数项相乘，相当于平移其傅里叶变换。

当 $u_0=M/2, v_0=N/2$ 时，

$$f(x,y)e^{j2\pi(u_0x/M+v_0y/N)} = f(x,y)e^{j\pi(x+y)} = f(x,y)(-1)^{x+y}$$

通常，在变换前用 $(-1)^{x+y}$ 乘以输入图像函数，实现频域中心化变换：

$$f(x,y)(-1)^{x+y} \Leftrightarrow F\left(u-\frac{M}{2},v-\frac{N}{2}\right)$$

3. 旋转特性

对 $f(x,y)$ 旋转一定角度，相当于将其傅里叶变换 $F(u,v)$ 旋转一定角度。如图 4-14 所示，图像旋转一定角度之后，频谱图像也进行了相应的旋转。

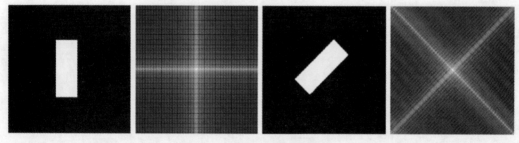

图 4-14　傅里叶变换的旋转特性

公式表述如下：

$$x = r\cos\theta, \qquad\qquad y = r\sin\theta,$$
$$u = \omega\cos\varphi, \qquad\qquad v = \omega\sin\varphi,$$
$$f(x,y) \to f(r,\theta), \qquad F(u,v) \to F(\omega,\varphi);$$

而：

$$f(r,\theta+\theta_0) \leftrightarrow F(\omega,\varphi+\theta_0)。$$

通过以上性质可以发现，在空间域所做的全局变化，也会反映到频域中。通过傅里叶变换可以在空间域和频域之间建立良好的关联关系。

4.3 快速傅里叶变换

离散傅里叶变换已成为数字信号处理的重要工具，然而，它的计算量大，运算时间长，使用不够广泛。快速算法大大提高了其运算速度，在某些应用场合已能作实时处理，并且应用在控制系统中。快速傅里叶变换不是一种新的变换，它是离散傅里叶变换的一种算法，是在分析离散傅里叶变换中的多余运算的基础上，消除这些重复工作的思想指导下得到的。

4.3.1 快速傅里叶变换的原理

对于一个有限长序列 $\{f(x)\}(0 \leqslant x \leqslant N)$，它的傅里叶变换由式（4-1）表示。

$$F(u) = \sum_{x=0}^{N-1} f(x) \exp[-\mathrm{j}2\pi ux/N] \qquad x = 0,1,\cdots,N-1 \qquad （4-1）$$

令 $W = \mathrm{e}^{-\mathrm{j}\frac{2\pi}{N}}$，则 $W^{-1} = \mathrm{e}^{\mathrm{j}\frac{2\pi}{N}}$。

傅里叶变换可以表示为：

$$F(u) = \sum_{x=0}^{N-1} f(x)W^{xu}$$

$$f(x) = \frac{1}{N}\sum_{u=0}^{N-1} F(u)W^{-xu}$$

将 $F(u)$ 展开，可得：

$$F(0) = f(0)W^{00} + f(1)W^{01} + \cdots + f(N-1)W^{0(N-1)}$$

$$F(1) = f(0)W^{10} + f(1)W^{11} + \cdots + f(N-1)W^{1(N-1)}$$

$$F(2) = f(0)W^{20} + f(1)W^{21} + \cdots + f(N-1)W^{2(N-1)}$$

$$\cdots$$

$$F(N-1) = f(0)W^{(N-1)0} + f(1)W^{(N-1)1} + \cdots + f(N-1)W^{(N-1)(N-1)}$$

可以看出，要得到每个频率分量，需进行 N 次乘法和 $N-1$ 次加法运算。要完成整个变换，需要 N^2 次乘法和 $N（N-1）$ 次加法运算。当序列较长时，必然要花费大量的时间。$F(u)$ 矩阵表示为：

$$\begin{bmatrix} F(0) \\ F(1) \\ \cdots \\ F(N-1) \end{bmatrix} = \begin{bmatrix} W^{00} & W^{01} & \cdots & W^{0(N-1)} \\ W^{10} & W^{11} & \cdots & W^{1(N-1)} \\ \cdots & \cdots & & \cdots \\ W^{(N-1)0} & W^{(N-1)1} & \cdots & W^{(N-1)(N-1)} \end{bmatrix} \cdot \begin{bmatrix} f(0) \\ f(1) \\ \cdots \\ f(N-1) \end{bmatrix}$$

其系数矩阵为：

$$\begin{bmatrix} W^{00} & W^{01} & \cdots & W^{0(N-1)} \\ W^{10} & W^{11} & \cdots & W^{1(N-1)} \\ \cdots & \cdots & & \cdots \\ W^{(N-1)0} & W^{(N-1)1} & \cdots & W^{(N-1)(N-1)} \end{bmatrix}$$

观察上面的系数矩阵，发现 W^{mn} 是以 N 为周期的，即 $W^{(m+lN)(n+hN)} = W^{mn}$，当 $N=8$ 时，其周期性如图 4-15 所示。

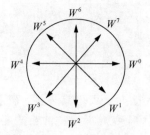

图 4-15 W^{mn} 周期

由于 $W = \mathrm{e}^{-\mathrm{j}\frac{2\pi}{N}} = \cos\frac{2\pi}{N} - \mathrm{j}\sin\frac{2\pi}{N}$,

所以,当 $N=8$ 时,可得:

$W^N = 1 \quad W^{\frac{N}{2}} = -1 \quad W^{\frac{N}{4}} = -\mathrm{j} \quad W^{\frac{3N}{4}} = \mathrm{j}$ 。

通过推导可以发现,离散傅里叶变换中的乘法运算有许多冗余操作。库利-图基于1965 年提出了原始 N 点序列可以依次分解成一系列短序列,然后求出这些短序列的离散傅里叶变换,以此减少乘法运算,进一步降低计算复杂度。

例如,

设:

$$f_1(x) = f(2x) \qquad x = 0,1,\cdots N/2-1$$
$$f_2(x) = f(2x+1) \qquad x = 0,1,\cdots N/2-1$$

由此,离散傅里叶变换可改写成下面的形式:

$$F(u) = \sum_{x=0}^{N-1} f(x)W_N^{xu} = \sum_{x=0}^{N/2-1} f_1(x)W_N^{xu} + \sum_{x=0}^{N/2-1} f_2(x)W_N^{xu}$$
$$= \sum_{x=0}^{N/2-1} f(2x)W_N^{(2x)u} + \sum_{x=0}^{N/2-1} f(2x+1)W_N^{(2x+1)u}$$

因为 $W_{2N}^k = W_N^{\frac{k}{2}}$,所以:

$$F(u) = \sum_{x=0}^{N/2-1} f(2x)W_{N/2}^{xu} + \sum_{x=0}^{N/2-1} f(2x+1)W_{N/2}^{xu} \cdot W_N^u$$
$$= \sum_{x=0}^{N/2-1} f(2x)W_{N/2}^{xu} + W_N^u \sum_{x=0}^{N/2-1} f(2x+1)W_{N/2}^{xu}$$
$$= F_1(u) + W_N^u F_2(u)$$

其中,$F_1(u)$ 和 $F_2(u)$ 分别是 $f_1(x)$ 和 $f_2(x)$ 的 $N/2$ 点的傅里叶变换。由于 $F_1(u)$ 和 $F_2(u)$ 均以 $N/2$ 为周期,所以:

$$F_1(u + N/2) = F_1(u) \qquad\qquad （4-2）$$
$$F_2(u + N/2) = F_2(u) \qquad\qquad （4-3）$$

这说明当 $M \geqslant N/2$ 时,式(4-2)和式(4-3)也是成立的,因此式(4-4)成立。

$$F(u) = F_1(u) + W_N^u F_2(u) \qquad u = 0,1,\cdots,N-1 \qquad （4-4）$$

由上面的分析可见,一个 N 点的离散傅里叶变换可由两个 $N/2$ 点的傅里叶变换得到。离散傅里叶变换的计算时间主要由乘法决定,分解后所需的乘法次数大大减少。第一项为$(N/2)^2$次，第二项为$(N/2)^2+N$次，总共为$2 \times (N/2)^2 + N$次运算即可完成，而原来需要N^2次运算，可见分解后的乘法计算次数减少了近一半。当N为2的整数幂时，$F_1(u)$和$F_2(u)$还可以再分成两个更短的序列，因此计算时间会更短。由此可见，利用W^{mn}的周期性和分解运算，从而减少乘法运算次数是实现快速运算的关键。

4.3.2 快速傅里叶变换的实现

快速傅里叶变换的基本思想：快速傅里叶变换(FFT)基于逐次倍乘法（Successive Doubling Method）。这个方法的主要思想是利用傅里叶变换（基底）的性质，将$2M$个数据的傅里叶变换转化为2组M个数据的傅里叶变换。这样，原来$4M^2$的运算量就降低为$2M^2$的运算量了。依次类推，便可得到快速算法。

以一维傅里叶变换为例作简单介绍，二维情形可以通过两次一维计算实现。将傅里叶变换

$$F(u) = \frac{1}{M} \sum_{x=0}^{M-1} f(x) e^{-j2\pi ux/M} \qquad 改写为 \qquad F(u) = \frac{1}{M} \sum_{x=0}^{M-1} f(x) W_M^{ux}$$

其中$W_M = e^{-j2\pi/M}$。

仅考虑M具有2的幂次方$(M=2^n)$的形式，n为正整数，故M还可以表示为$2K$，$K=M/2$也是正整数，从而有：

$$\begin{aligned} F(u) &= \frac{1}{2K} \sum_{x=0}^{2K-1} f(x) W_{2K}^{ux} \\ &= \frac{1}{2} \left[\frac{1}{K} \sum_{x=0}^{K-1} f(2x) W_{2K}^{u(2x)} + \frac{1}{K} \sum_{x=0}^{K-1} f(2x+1) W_{2K}^{u(2x+1)} \right] \end{aligned}$$

注意：

$$W_K = e^{-j\frac{2\pi}{K}}, \quad K = M/2, \quad W_{2K}^{2ux} = W_K^{ux}$$

故有：

$$F(u) = \frac{1}{2} \left[\frac{1}{K} \sum_{x=0}^{K-1} f(2x) W_K^{ux} + \frac{1}{K} \sum_{x=0}^{K-1} f(2x+1) W_K^{ux} W_{2K}^{u} \right]$$

对$u = 0, 1, \cdots, N-1$，定义：

$$F_{even}(u) = \frac{1}{K} \sum_{x=0}^{K-1} f(2x) W_K^{ux}$$

$$F_{odd}(u) = \frac{1}{K} \sum_{x=0}^{K-1} f(2x+1) W_K^{ux}$$

可知：

$$F(u) = \frac{1}{2} \left[F_{even}(u) + F_{odd}(u) W_{2K}^{u} \right]$$

由于对任意的正整数K，有$W_K^{u+K} = W_K^u$以及$W_{2K}^{u+K} = -W_{2K}^u$，最后得到：

$$F(u+K) = \frac{1}{2} \left[F_{even}(u) - F_{odd}(u) W_{2K}^{u} \right]$$

这样就可以将原来计算比较复杂的傅里叶运算分解为两个计算较简单的傅里叶运算，且还可以继续分解，如此循环推导下去，直到最后剩下若干组两个点对。

4.4 图像频域滤波

图像变换是对图像信息进行变换，使能量保持但重新分配，以利于加工、处理（滤除不必要信息，如噪声，加强/提取感兴趣的部分或特征）。傅里叶变换在图像分析、滤波、增强、压缩等处理中有非常重要的应用。本节主要介绍基于傅里叶变换的图像频域滤波。

假定原图像 $f(x,y)$ 经傅里叶变换为 $F(u,v)$，频域增强就是选择合适的滤波器函数 $H(u,v)$ 对 $F(u,v)$ 的频谱成分进行调整，然后经傅里叶逆变换得到增强的图像 $g(x,y)$。该过程可以通过下面的流程描述：

$$f(x,y) \xrightarrow{\text{DFT}} F(u,v) \underset{\text{滤波}}{\xrightarrow{H(u,v)}} G(u,v) \xrightarrow{\text{IDFT}} g(x,y)$$

其中，$G(u,v)=H(u,v) \cdot F(u,v)$，$H(u,v)$ 称为传递函数或滤波器函数。

可以通过选择合适的频率传递函数 $H(u,v)$ 突出 $f(x,y)$ 某一方面的特征，从而得到需要的图像 $g(x,y)$。例如，利用传递函数 $H(u,v)$ 突出高频分量，以增强图像的边缘信息，即高通滤波；如果突出低频分量，就可以使图像显得比较平滑，即低通滤波。

频域滤波的基本步骤如下。

（1）对原始图像 $f(x,y)$ 进行傅里叶变换得到 $F(u,v)$。

（2）将 $F(u,v)$ 与传递函数 $H(u,v)$ 进行卷积运算得到 $G(u,v)$。

（3）将 $G(u,v)$ 进行傅里叶逆变换得到增强图像 $g(x,y)$。频域滤波的核心在于如何确定传递函数，即 $H(u,v)$。二维图像的频域滤波基本原理如图 4-16 所示。

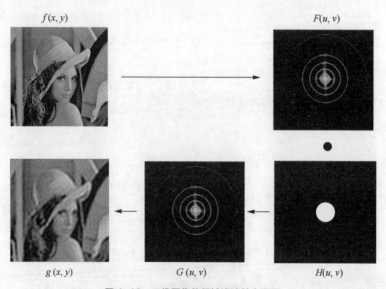

图 4-16 二维图像的频域滤波基本原理

目前基于傅里叶变换的频域滤波主要包括低通滤波、高通滤波、带通滤波及同态滤波 4 类，下面对低通滤波、高通滤波进行重点讲述。

4.4.1　低通滤波

图像从空间域变换到频域后，其低频分量对应图像中灰度值变化比较缓慢的区域，高频分量则表征图像中物体的边缘和随机噪声等信息。

低通滤波是指保留低频分量，而通过滤波器函数 $H(u,v)$ 减弱或抑制高频分量在频域进行的滤波。

低通滤波与空间域中的平滑滤波器一样，可以消除图像中的随机噪声，减弱边缘效应，起到平滑图像的作用。

下面介绍两种常用的频域低通滤波器。

1．理想低通滤波器

二维理想低通滤波器的传递函数如下。

$$H(u,v) = \begin{cases} 1 & D(u,v) \leqslant D_0 \\ 0 & D(u,v) > D_0 \end{cases}$$

理想低通滤波器及其图像如图 4-17 所示。

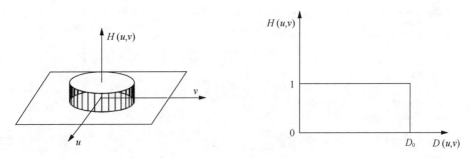

图 4-17　理想低通滤波器及其图像

截断频率 D_0 是一个非负整数，$D(u,v)$ 是从点 (u,v) 到频率平面原点的距离，即 $D(u,v) = \sqrt{u^2 + v^2}$。理想低通滤波器的含义是指小于 D_0 的频率，即以 D_0 为半径的圆内的所有频率分量可以完全无损地通过，而圆外的频率，即大于 D_0 的频率分量则完全被除掉。理想低通滤波器的平滑作用非常明显，但由于变换有一个陡峭的波形，它的逆变换 $h(x,y)$ 有强烈的振铃特性，使滤波后的图像产生模糊效果。因此，这种理想低通滤波在实际中并不采用。理想低通滤波器的傅里叶逆变换结果如图 4-18 所示。

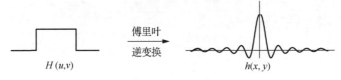

图 4-18　理想低通滤波器的傅里叶逆变换结果

理想低通滤波器相关代码及结果如下。

```
#导入相关库
from skimage import data,color
```

```python
import numpy as np
import matplotlib.pyplot as plt
"""
中文显示工具函数
"""
def set_ch():
    from pylab import mpl
    mpl.rcParams['font.sans-serif']=['FangSong']
    mpl.rcParams['axes.unicode_minus']=False
set_ch()
D=10
#读入图像
new_img=data.coffee()
new_img=color.rgb2gray(new_img)
#numpy 中的傅里叶变换
f1=np.fft.fft2(new_img)
f1_shift=np.fft.fftshift(f1)
#使用 np.fft.fftshift()函数实现平移,让直流分量输出图像的重心
#实现理想低通滤波器
rows,cols=new_img.shape
crow,ccol=int(rows/2),int(cols/2)  #计算频谱中心
mask=np.zeros((rows,cols),np.uint8) #生成 rows 行 cols 列的矩阵,数据
格式为 uint8
for i in range(rows):
    for j in range(cols):
        if np.sqrt(i*i+j*j)<=D:
            # 将距离频谱中心小于 D 的部分低通信息设置为 1,属于低通滤波
            mask[crow - D:crow + D, ccol - D:ccol + D] = 1
f1_shift=f1_shift*mask
#傅里叶逆变换
f_ishift=np.fft.ifftshift(f1_shift)
img_back=np.fft.ifft2(f_ishift)
img_back=np.abs(img_back)
img_back=(img_back-np.amin(img_back))/(np.amax(img_back)-np.am
in(img_back))
#plt.figure(figsize=(15,8))
plt.figure()
plt.subplot(121),plt.imshow(new_img,cmap='gray'),plt.title(' 原
始图像')
```

```
    plt.subplot(122),plt.imshow(img_back,cmap='gray'),plt.title('滤
波后的图像')
    plt.show()
```

二维图像的理想低通滤波结果如图 4-19 所示。

（a）原始图像　　　　　　　　　（b）滤波后的图像

图 4-19　二维图像的理想低通滤波结果

可以发现，当距离 D_0 设置为 10 时，出现了较明显的振铃现象，读者可以尝试对 D_0 赋予其他不同值，看一下效果。

低通滤波的能量和 D_0 的关系：能量在变换域中集中在低频区域。以理想低通滤波作用于 $N \times N$ 的数字图像为例，其总能量

$$E_A = \sum_{u=0}^{N-1}\sum_{v=0}^{N-1}|F(u,v)| = \sum_{u=0}^{N-1}\sum_{v=0}^{N-1}\left|\left[R^2(u,v)+I^2(u,v)\right]^{\frac{1}{2}}\right|$$

当理想低通滤波的 D_0 变化时，通过的能量和总能量的比值必然与 D_0 有关，可表示 (u,v) 的通过能量百分比。一个以频域中心为原点，r 为半径的圆就包含了百分之 α 的能量。

$$\alpha = 100\left[\sum_u\sum_v P(u,v)/E_A\right]$$

根据对保留能量的要求确定滤波器的截止频率。滤波器半径 r 与包含能量之间的关系见表 4-1。

表 4-1　滤波器半径 r 与包含能量之间的关系

半径 r	包含能量/（%）
5	90.0
11	96.0
22	98.0
36	99.0
53	99.5
98	99.9

理想低通滤波器在数学上定义得很清楚，在计算机模拟中也可实现，但在截断频率处，直上直下的理想低通滤波器不能用实际的电子器件实现，物理上可实现的是

Butterworth（巴特沃斯）低通滤波器。

2. Butterworth 低通滤波器

Butterworth 低通滤波器的传递函数为：

$$H(u,v) = \frac{1}{1+[D(u,v)/D_0]^{2n}}$$

D_0 为截止频率，n 为函数的阶。一般取使 $H(u,v)$ 最大值下降到最大值的一半时的 $D(u,v)$ 为截止频率 D_0。Butterworth 低通滤波器的截面如图 4-20 所示。

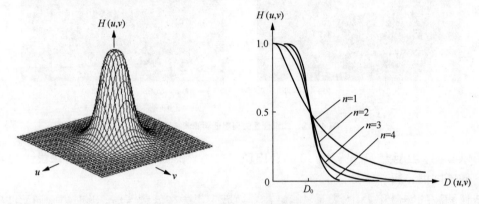

图 4-20　Butterworth 低通滤波器的截面

与理想低通滤波器相比，高低频之间过渡较为平滑，用此滤波后的输出图像振铃现象不明显。$n=1$ 时，过渡最平滑，即尾部包含有大量的高频成分，所以一阶 Butterworth 低通滤波器没有振铃现象；但随着 n 的增加，振铃现象会越来越明显。下面给出 Butterworth 低通滤波器代码及结果。

```python
import numpy as np
import matplotlib.pyplot as plt
import numpy as np
from skimage import data,color
img = data.coffee()
img=color.rgb2gray(img)#直接读为灰度图像
f = np.fft.fft2(img)
fshift = np.fft.fftshift(f)
#取绝对值：将复数变化成实数
#取对数的目的是为了将数据变化到 0～255
s1 = np.log(np.abs(fshift))
"""
Butterworth 低通滤波器
"""
def butterworthPassFilter(image, d, n):
    f = np.fft.fft2(image)
```

```python
        fshift = np.fft.fftshift(f)
    def make_transform_matrix(d):
        transfor_matrix = np.zeros(image.shape)
        center_point = tuple(map(lambda x: (x - 1) / 2, s1.shape))
        for i in range(transfor_matrix.shape[0]):
            for j in range(transfor_matrix.shape[1]):
                def cal_distance(pa, pb):
                    from math import sqrt
                    dis = sqrt((pa[0]- pb[0])** 2 + (pa[1]- pb[1])** 2)
                    return dis
                dis = cal_distance(center_point, (i, j))
                transfor_matrix[i, j] = = 1 / (1 + (dis / d) ** (2*n))
        return transfor_matrix
    d_matrix = make_transform_matrix(d)
    new_img = np.abs(np.fft.ifft2(np.fft.ifftshift(fshift * d_matrix)))
    return new_img
plt.subplot(221)
plt.axis("off")
plt.title('Original')
plt.imshow(img,cmap='gray')
plt.subplot(222)
plt.axis('off')
plt.title('Butter 100 1')
butter_100_1=butterworthPassFilter(img,100,1)
plt.imshow(butter_100_1,cmap='gray')
plt.subplot(223)
plt.axis('off')
plt.title('Butter 30 1')
butter_30_1=butterworthPassFilter(img,30,1)
plt.imshow(butter_30_1,cmap='gray')
plt.subplot(224)
plt.axis('off')
plt.title('Butter 30 5')
butter_30_5=butterworthPassFilter(img,30,5)
plt.imshow(butter_30_5,cmap='gray')
plt.show()
```

二维图像的 Butterworth 低通滤波结果如图 4-21 所示。

（a）原始图像 （b）Butter D=100 n=1

（c）Butter D=30 n=1 （d）Butter D=30 n=5

图 4-21　二维图像的 Butterworth 低通滤波结果

4.4.2　高通滤波

图像的边缘、细节主要在高频，图像模糊的原因是高频成分较弱。为了消除模糊，突出边缘，可以采用高通滤波的方法，使低频分量得到抑制，从而达到增强高频分量，使图像的边缘或线条变得清晰，实现图像的锐化。

1．理想高通滤波器

理想高通滤波器的形状与低通滤波器的形状正好相反，其传递函数为：

$$H(u,v) = \begin{cases} 0 & D(u,v) \leqslant D_0 \\ 1 & D(u,v) > D_0 \end{cases}$$

理想高通滤波器及其图像如图 4-22 所示，其代码与理想低通滤波器相似，将低通滤波器部分代码修改如下。

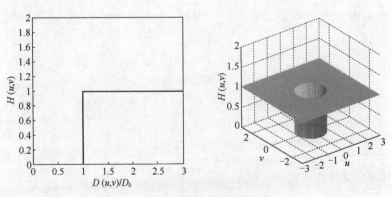

图 4-22　理想高通滤波器及其图像

```
#实现理想高通滤波器
rows,cols=new_img.shape
crow,ccol=int(rows/2),int(cols/2)  #计算频谱中心
```

```
        mask=np.zeros((rows,cols),np.uint8) #生成 rows 行 cols 列的矩阵，数据
格式为 uint8
        for i in range(rows):
            for j in range(cols):
                if np.sqrt(i*i+j*j)<=D:
                    # 将距离频谱中心小于 D 的部分低通信息设置为 1，属于低通滤波
                    mask[crow - D:crow + D, ccol - D:ccol + D] = 1
        mask=1-mask
        f1_shift=f1_shift*mask
```

二维图像的理想高通滤波如图 4-23 所示。

（a）原始图像　　　　　　　　　（b）滤波后的图像

图 4-23　二维图像的理想高通滤波

2. Butterworth 高通滤波器

Butterworth 高通滤波器的形状与 Butterworth 低通滤波器的形状相反，同样，因为高低频率间平滑过渡，因此振铃现象不明显。其传递函数如下：

$$H(u,v) = \frac{1}{1+[D_0/D(u,v)]^{2n}}$$

只将 Butterworth 低通滤波器代码做少量修改就可实现，须修改部分及结果如下。

```
    """
    Butterworth 高通滤波器
    """
    def butterworthPassFilter(image, d, n):
        f = np.fft.fft2(image)
        fshift = np.fft.fftshift(f)
        def make_transform_matrix(d):
            transfor_matrix = np.zeros(image.shape)
            center_point = tuple(map(lambda x: (x - 1) / 2, s1.shape))
            for i in range(transfor_matrix.shape[0]):
                for j in range(transfor_matrix.shape[1]):
                    def cal_distance(pa, pb):
                        from math import sqrt
                        dis = sqrt((pa[0] - pb[0]) ** 2 + (pa[1] - pb[1])**2)
```

```
            return dis
        dis = cal_distance(center_point, (i, j))
        transfor_matrix[i, j] = 1 / (1 + (dis / d) ** (2*n))
    return transfor_matrix
d_matrix = make_transform_matrix(d)
d_matrix=1-d_matrix
new_img = np.abs(np.fft.ifft2(np.fft.ifftshift(fshift * d_matrix)))
return new_img
```

二维图像 Butterworth 高通滤波结果如图 4-24 所示。

（a）原始图像 　　　　　　　　　（b）Butter D=100 n=1

（c）Butter D=30 n=1 　　　　　　　（d）Butter D=30 n=5

图 4-24　二维图像 Butterworth 高通滤波结果

3. 高频增强滤波器

高通滤波将低频分量滤掉，导致增强图中的边缘得到加强，但平坦区域灰度很暗，接近黑色。高频增强滤波器对频域里的高通滤波器的转移函数加一个常数，以将一些低频分量加回去，既保持光滑区域灰度，又改善边缘区域对比度。高频增强转移函数

$$H_e(u,v) = kH(u,v)+c ，$$

这样就可以做到在原始图像的基础上叠加一些高频成分，既保留了原图的灰度层次，又锐化了边缘。如使用 k=1，c=0.5 对 Butterworth 高通滤波器进行高频增强，代码修改及结果如下。

```
"""
Butterworth 高频增强滤波器
"""
def butterworthPassFilter(image, d, n):
    f = np.fft.fft2(image)
    fshift = np.fft.fftshift(f)
    def make_transform_matrix(d):
```

```
        transfor_matrix = np.zeros(image.shape)
        center_point = tuple(map(lambda x: (x - 1) / 2, s1.shape))
        for i in range(transfor_matrix.shape[0]):
            for j in range(transfor_matrix.shape[1]):
                def cal_distance(pa, pb):
                    from math import sqrt
                    dis = sqrt((pa[0] - pb[0]) ** 2 + (pa[1] - pb[1]) ** 2)
                    return dis
                dis = cal_distance(center_point, (i, j))
                transfor_matrix[i, j] = 1 / (1 + (d / dis) ** (2*n))
        return transfor_matrix
    d_matrix = make_transform_matrix(d)
    d_matrix=d_matrix+0.5
    new_img = np.abs(np.fft.ifft2(np.fft.ifftshift(fshift * d_matrix)))
    return new_img
```

二维图像的高频增强滤波结果如图 4-25 所示。

（a）原始图像　　　　　　　　（b）Butter D=100 n=1

（c）Butter D=30 n=1　　　　　（d）Butter D=30 n=5

图 4-25　二维图像的高频增强滤波结果

4.5　小结

　　本章主要介绍频域图像处理，首先介绍了傅里叶变换及其基本性质，其次介绍了快速傅里叶变换，最后介绍了频域滤波相关技术。

4.6 本章练习

1. 简述频域图像处理与空间域图像处理的关系。
2. 搜索其他频域滤波方式，并使用 Python 实现。
3. 快速傅里叶变换的基本原理是什么？
4. 简述各种低通滤波算法的不同点。
5. 尝试结合空间域图像处理和频域图像处理进行边缘检测。

05 chapter

图像特征提取

　　图像特征是指可以对图像的特点或内容进行表征的一系列属性的集合，主要包括图像自然特征（如亮度、色彩、纹理等）和图像人为特征（如图像频谱、图像直方图等）。图像特征提取可以视为广义上的图像变换，即将图像从原始属性空间转化到特征属性空间。图像特征提取过程是指对图像包含的信息进行处理和分析，并将其中不易受随机因素干扰的信息作为图像的特征提取出来，进而实现将图像的原始特征表示为一组具有明显的物理意义或者统计意义的特征。图像特征提取之后通常还会伴随图像特征的选择。图像特征选择过程是去除冗余信息的过程，其具有提高识别精度、减少运算量、提高运算速度等作用。良好的图像特征通常应具有以下 3 个特点。

1. 代表性或可区分性

　　图像特征应能够对该类别的对象进行高效表达。不同类别的对象之间的特征差异越大越好，以满足相应任务的要求。如在区分乒乓球和足球时，纹理特征就是一个不错的特征，因为足球一般有六边形纹理结构，而乒乓球没有。再比如，在进行图像分割时，图像中的边缘突变就是一个很好的特征，因为其可以明确表示图像的内容发生了改变。

2. 稳定性

同一类别图像的特征应该具有类似的特征值，以保证类别内图像的相似度大于类别间图像的相似度。如在区分成熟的苹果和不成熟的苹果时，颜色是一个比较好的特征，因为不成熟的苹果通常呈青色，而成熟的苹果通常呈黄色或红色。尺寸大小这个特征在区分苹果成熟与否时，不是一个稳定的特征。

3. 独立性

图像特征应该彼此独立，尽量减少彼此的关联性，因为图像特征之间的关联性较强会影响图像内容的较好表达。如苹果的直径和苹果的重量就属于关联性较强的两个特征，因为它们都可以反映苹果的大小，因此同时使用大小和重量这两个特征就会显得冗余。

图像特征提取可以分为底层特征提取和高层语义特征提取。高层语义特征提取通常关注语义层次的特征，如识别任务中的人类识别、图像分类等。底层特征提取通常关注图像的颜色、纹理、形状等一般特征。底层特征提取很少关注图像的语义信息，通过底层特征提取获得的信息一般比较普遍。高层语义特征提取则通常需要关联语义，如人脸识别中很多语义特征与人脸的部件相关，这能够反映图像中是否存在某类对象。高层语义特征提取以底层特征提取为基础，辅以模式识别等方法，建立语义关联，进而形成语义特征。深度学习的出现为特征提取提供了新的思路，实现了底层特征提取和高层语义关联间的很好衔接，极大程度地提升了图像语义分析的效果。

图像特征提取根据其相对尺度可分为全局特征提取和局部特征提取两类。全局特征提取关注图像的整体表征。常见的全局特征包括颜色特征、纹理特征、形状特征、空间位置关系特征等。局部特征提取关注图像的某个局部区域的特殊性质。一幅图像中往往包含若干兴趣区域，从这些区域中可以提取数量不等的若干个局部特征。和全局特征提取过程相比，局部特征提取过程首先须确定要描述的兴趣区域，然后再对兴趣区域进行特征描述。

本章首先对较为底层的图像全局特征进行介绍：5.1 节介绍图像颜色特征提取，5.2节介绍图像纹理特征提取，5.3 节介绍图像形状特征提取；然后介绍图像局部特征的相关技术：5.4 节介绍图像边缘特征提取，5.5 节介绍图像点特征提取。

5.1 图像颜色特征提取

颜色特征是比较简单但是应用较广泛的一种视觉特征。颜色特征往往和图像中包含的对象或场景相关。与其他图像特征相比，颜色特征对图像的尺寸、方向、视角变化的依赖性较小，即相对于图像的尺寸、方向、视角变化具有较好的健壮性。颜色特征是一种全局特征，能够描述图像或图像区域对应的景物的表面性质。目前使用的颜色特征主要包括颜色直方图、颜色矩、颜色集、颜色聚合向量以及颜色相关图。

5.1.1 颜色直方图

颜色直方图用于描述图像中像素颜色的数值分布情况，可以反映图像颜色的统计分布和图像的基本色调。颜色直方图仅可表征图像中某一颜色值出现的频数，无法描述图像像素分布的空间位置信息。任意一幅图像都能唯一给出一幅与它对应的颜色直方图，但不同的图像可能有相同的颜色直方图，因此直方图与图像存在一对多的关系。如将图像划分为若干个子区域，所有子区域的颜色直方图之和等于全图的颜色直方图。一般情况下，由于图像上的背景和前景物体的颜色分布明显不同，颜色直方图上会出现双峰，但背景和前景物体的颜色较为接近的图像的颜色直方图不具有这一特性。颜色直方图主要包括一般颜色直方图、全局累加直方图、主色调直方图。

1. 一般颜色直方图

颜色直方图是最基本的颜色特征，它反映的是图像中像素颜色值的组成分布，即出现了哪些颜色以及各种颜色出现的概率。假设 $s(x_i)$ 为图像 F 中某一特定颜色 x_i（其中 $i=1, 2, \cdots, n$，表示颜色量化级数，x_i 表示量化级数 i 对应的颜色值）的像素个数，图像 F 中像素总数为 $N = \sum_j s(x_j)$，则 x_i 像素出现的频率为：

$$h(x_i) = \frac{s(x_i)}{N} = \frac{s(x_i)}{\sum_j s(x_j)}$$

整个图像 F 的一般颜色直方图可以表示为：

$$H(F) = [h(x_1), h(x_2), \cdots, h(x_n)]$$

其中 n 表示某类颜色取值的个数。一般颜色直方图所在颜色空间可以是 RGB 颜色空间，也可以是 HSV 颜色空间、LUV 颜色空间或 LAB 颜色空间。下面给出使用 Python 求取彩色图像的一般颜色直方图的代码。

```
from skimage import exposure,data
image =data.coffee()
#计算直方图
hist_r=exposure.histogram(image[:,:,0],nbins=256)
hist_g=exposure.histogram(image[:,:,1],nbins=256)
hist_b=exposure.histogram(image[:,:,2],nbins=256)
```

彩色图像的一般颜色直方图如图 5-1 所示。

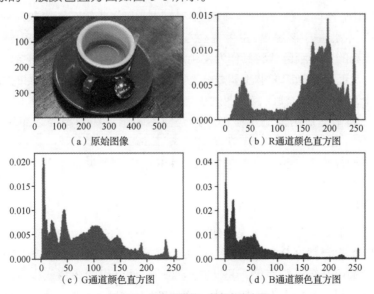

（a）原始图像　　　　　（b）R通道颜色直方图

（c）G通道颜色直方图　　　　　（d）B通道颜色直方图

图 5-1　彩色图像的一般颜色直方图

基于上述代码可知，使用 skimage 中 exposure 模块的 histogram()函数可以求得图像的一般颜色直方图（图 5-1 给出了一般颜色直方图的可视化结果）。读者可以尝试通过修改程序，计算图像在 HSV 颜色空间及其他颜色空间的一般颜色直方图。

一般颜色直方图法对图像的旋转、小幅平移、小幅缩放等变换不敏感，对图像质量的变化（增加噪声）也不敏感，所以一般颜色直方图法适用于对难以进行语义分割的图像和无须考虑物体空间位置的图像进行描述。

另外，计算机的固有量化机制导致一般颜色直方图法会忽略颜色间的相似性。因此，在一般颜色直方图法被提出之后，很多学者从这一点入手对该方法进行改进，获得了如全局累加直方图法和局部累加直方图法等算法。

2．全局累加直方图

当图像中的颜色值不能取遍所有可能的颜色值时，一般颜色直方图中就会出现一些零值。这些零值的出现会影响相似性的度量，进而会使计算出的相似度不能准确反映图像之间的颜色分布差异。为了弥合一般颜色直方图法的上述缺陷，在一般直方图方法的基础之上，通过对直方图元素进行累加，消除零值影响，形成全局累加直方图。

假设图像 F 中某一特征的一般颜色直方图为 $H(F)=[h(x_1),h(x_2),\cdots,h(x_n)]$，令：

$$\lambda(x_i) = \sum_{j \leqslant i} h(x_j)$$

表示颜色小于或等于 x_i 的所有元素的一般颜色直方图的累加和，则图像 F 的该类特征累加直方图可以表示为：

$$\lambda(F)=[\lambda(x_1),\lambda(x_2),\cdots,\lambda(x_n)]$$

颜色相邻的频数在全局累加直方图中的位置也相邻。通过累加直方图可以消除零值的问题。同全局直方图相比，虽然全局累加直方图所需的存储量和计算量都有一定程度的增加，但是全局累加直方图法解决了一般颜色直方图法中的零值问题，也弥补了全局直方图量化过细导致的度量效果下降的缺陷。

3．主色调直方图

在一幅图像中，不同颜色值出现的概率不尽相同，且通常情况下少数几种颜色就能涵盖整幅图像的主色调。基于该思想，主色调直方图法会计算出图像中每种颜色出现的频率，选择出现频率最高的几种颜色并将其作为主色调。使用主色调直方图并不会降低颜色直方图匹配的效果，反而会抑制图像非主要成分的噪声，降低噪声对图像匹配的影响。

通过总结上述内容可知颜色直方图的优点和缺点如下。

优点：计算简单，对图像的平移和旋转变换不敏感，能简单描述图像中颜色的全局分布情况。

缺点：无法捕捉（即会丢失）颜色组成之间的空间位置关系。

5.1.2　颜色矩

矩是非常重要的统计量，用于表征数据分布的特点。在统计中，一阶矩表示数据分布的均值，二阶矩表示数据分布的方差，三阶矩表示数据分布的偏移度。图像的颜色矩用于对图像内的颜色分布进行表征，是比较重要的一种全局图像特征表示。数字图像中颜色分布的统计信息主要集中在低阶矩中。图像的颜色矩特征提取时主要瞄准图像颜色矩中的一阶矩、二阶矩和三阶矩，对于图像而言，这 3 种统计特征已经足以表达数字图像的颜色分布。相对于颜色直方图特征提取，颜色矩特征提取的优点是无须对颜色特征进行提前量化。

对于数字图像 P，其一阶颜色矩的定义为：

$$\mu_i = \frac{1}{N}\sum_{j=1}^{N} P_{ij}$$

其中 P_{ij} 表示数字图像 P 的第 i 个图像通道的第 j 个像素的像素值，N 表示图像中像素的个数。

二阶颜色矩的定义为：

$$\sigma_i = \left[\frac{1}{N}\sum_{j=1}^{N}(P_{ij}-\mu_i)^2\right]^{\frac{1}{2}}$$

三阶颜色矩的定义为：

$$s_i = \left[\frac{1}{N}\sum_{j=1}^{N}(P_{ij}-\mu_i)^3\right]^{\frac{1}{3}}$$

其中一阶矩可以表征该颜色通道的平均响应强度，二阶矩可以表示该颜色通道的响应方差，三阶矩可以表征该颜色通道数据分布的偏移度。针对彩色图像，图像的颜色矩一共有 9 个分量，每个颜色通道均有 3 个低阶矩。颜色矩仅使用少数几个矩容易导致过多错误检出，因而其通常和其他的特征配合使用。下面为使用 Python 语言提取图像的颜色矩特征的程序。

```python
from skimage import data,io
import numpy as np
from scipy import stats
image=data.coffee()
#求 RGB 图像的颜色矩特征，共 9 维特征
#定义 3×3 数组，分别对 RGB 图像的 3 个通道求均值、方差、偏移量
features=np.zeros(shape=(3,3))
#遍历图像的 3 个通道
for k in range(image.shape[2]):
    #求均值
    mu=np.mean(image[:,:,k])
    #求方差
    delta=np.std(image[:,:,k])
    #求偏移量
    skew=np.mean(stats.skew(image[:,:,k]))
    features[0,k]=mu
    features[1,k]=delta
    features[2,k]=skew
print(features)
```

上述程序使用了 numpy 库中的均值函数 mean() 和方差函数 std() 以及 scipy 库中的偏度函数 skew()。

颜色矩的特点：图像的颜色矩有 9 个分量（3 个颜色通道，每个通道上 3 个低阶矩）；与其他颜色特征相比非常简洁；分辨力较弱；颜色矩一般和其他特征结合使用，可以起到缩小范围的作用。

5.1.3 颜色集

颜色集又可以称为颜色索引集，其是对图像颜色直方图的一种近似。颜色集方法的步骤是：第一，将图像从 RGB 颜色空间转换到 HSV 颜色空间等视觉均衡的颜色空间，并将颜色空间量化为若干个边长均等的小立方体；第二，使用基于色彩的自动分割技术将图像划分为若干个子区域；第三，使用颜色量化空间中的某个颜色分类索引每个子区域，以将图像表示为一个二进制的颜色索引集。

最简单的颜色集可以通过在颜色直方图的基础上设置阈值形成。如给定某一颜色值 m，给定其阈值 τ_m，由颜色直方图生成颜色集 c 可表示为：

$$c[m] = \begin{cases} 1 & h[m] \geqslant \tau_m \\ 0 & \text{其他} \end{cases}$$

其中 $h[m]$ 表示直方图中颜色值为 m 对应的位置处的分量。由此可见，颜色集可以表示为一个二进制向量。由于颜色集本质上是对颜色直方图的近似表示，先求颜色直方图，再求颜色集会略显冗余，因此通常按照如下所示的形式化方法求颜色集。

1. 像素矢量表示

对于 RGB 空间中的任意图像，它的每个像素均可表示为一个矢量 $\vec{v_c} = (r, g, b)$，其中 r、g、b 分别代表红、绿、蓝颜色分量。

2. 颜色空间转换

通过变换运算 T 将图像变换到一个与人视觉一致的颜色空间 $\vec{w_c}$，即 $\vec{w_c} = T(\vec{v_c})$。

3. 颜色集索引

采用量化器（QM）对 $\vec{w_c}$ 重新量化，使得视觉上明显不同的颜色对应不同的颜色集，并将颜色集映射成索引 m。

4. 颜色集表示

设 BM 是 M 维的二值空间，在该空间中每个轴对应唯一的索引 m。一个颜色集就是 BM 二值空间中的一个二维矢量，它表示对颜色 $\{m\}$ 的选择，即颜色 m 出现时，$c[m]=1$，否则 $c[m]=0$。

如果某颜色集对应一个单位长度的二值矢量，则表明重新量化后的图像中只有一个颜色出现；如果该颜色集有多个非零值，则表明重新量化后的图像中有多个颜色出现。

5.1.4 颜色聚合向量

颜色聚合向量是在颜色直方图的基础之上做的进一步运算，其核心思想是将属于颜色直方图的每个颜色量化区间的像素分为两部分，如果该颜色量化区间中的某些像素占据的连续区域的面积大于指定阈值，则将该区域内的像素作为聚合像素，否则作为非聚合像素。颜色聚合向量可表示为 $<(\alpha_1, \beta_1), \cdots, (\alpha_n, \beta_n)>$ ，其中 α_i 与 β_i 分别代表颜色直方图的第 i 个颜色量化区间中的聚合像素和非聚合像素的数量。颜色聚合向量除了包含颜色频率信息外，也包含颜色的部分空间分布信息，因此其可以获得比颜色直方图更好的表示效果。颜色聚合向量算法的步骤如下。

1. 量化

颜色聚合向量算法的第一步与求普通的颜色直方图类似，即对图像进行量化处理。一般采用均匀量化处理方法，量化的目标是使图像中只保留有限个颜色区间。

2. 连通区域划分

针对重新量化后的像素值矩阵，根据像素间的连通性把图像划分成若干个连通区域。

3. 判断聚合性

统计每个连通区域中的像素数目，根据设定的阈值判断该区域中的像素是聚合的，还是非聚合，得出每个颜色区间中聚合像素和非聚合像素的数量 α_i 和 β_i 。

4. 聚合向量形成

图像的聚合向量可以表示为 $\langle (\alpha_1, \beta_1), \cdots, (\alpha_n, \beta_n) \rangle$。

5.1.5 颜色相关图

颜色相关图是图像颜色分布的另外一种表达方式。颜色相关图不仅可以显示像素在图像中的占比，也可以反映不同颜色对间的空间位置的相关性。颜色相关图利用颜色对间的相对距离分布来描述空间位置信息。

颜色相关图是一张用颜色对 $<i, j>$ 索引的表，其中 $<i, j>$ 的第 k 个分量表示颜色为 $c(i)$ 的像素和颜色为 $c(j)$ 的像素之间的距离小于 k 的概率。设 I 表示整张图像的全部像素，$I_{c(i)}$ 表示颜色为 $c(i)$ 的所有像素，则图像的颜色相关图可以表达为：

$$\gamma_{i,j}^{(k)} = \mathop{P_r}_{p_1 \in I_{c(i)}, p_2 \in I} [p_2 \in I_{c(j)} \mid \mid p_1 - p_2 \mid = k]$$

其中 $i, j \in \{1, 2, \cdots, N\}$ ， $k \in \{1, 2, \cdots, d\}$ ， $|p_1 - p_2|$ 表示像素 p_1 和 p_2 之间的距离。求解图像的颜色相关图的示例代码如下。

```python
import numpy as np
from skimage.data import coffee
from matplotlib import pyplot as plt
def isValid(X, Y, point):
    """
    判断某个像素是否超出图像空间范围
    """
    if point[0] < 0 or point[0] >= X:
        return False
    if point[1] < 0 or point[1] >= Y:
        return False
```

```python
        return True
def getNeighbors(X, Y, x, y, dist):
    """
    Find pixel neighbors according to various distances
    """
    cn1 = (x + dist, y + dist)
    cn2 = (x + dist, y)
    cn3 = (x + dist, y - dist)
    cn4 = (x, y - dist)
    cn5 = (x - dist, y - dist)
    cn6 = (x - dist, y)
    cn7 = (x - dist, y + dist)
    cn8 = (x, y + dist)
    points = (cn1, cn2, cn3, cn4, cn5, cn6, cn7, cn8)
    Cn = []
    for i in points:
        if isValid(X, Y, i):
            Cn.append(i)
    return Cn
def corrlogram(image,dist):
    XX,YY,tt=image.shape
    cgram=np.zeros((256,256),dtype=np.int)
    for x in range(XX):
        for y in range(YY):
            for t in range(tt):
                color_i=image[x,y,t]
                neighbors_i=getNeighbors(XX,YY,x,y,dist)
                for j in neighbors_i:
                    j0=j[0]
                    j1=j[1]
                    color_j=image[j0,j1,t]
                    cgram[color_i,color_j]=cgram[color_i,color_j]+1
    return cgram
image=coffee()
dist=4
cgram=corrlogram(image,dist)
plt.imshow(cgram)
plt.show()
```

5.2 图像纹理特征提取

纹理是一种反映图像中同质现象的视觉特征，它体现了物体表面的具有重复性或者周期性变化的表面结构组织排列属性。纹理具有三大特点：重复性、周期性、同质性。

1. 重复性

图像可以看作是某种局部元素在全局区域的不断重复出现。

2. 周期性

图像中的元素并非随机出现，而是按照一定的周期性重复出现。

3. 同质性

重复出现的元素在结构和尺寸上大致相同。

由上可见，纹理是某种局部序列性不断重复、非随机排列、在结构和尺寸上大致相同的统一体。纹理图像示例如图 5-2 所示，图中第一行表示人工纹理，第二行是自然纹理。

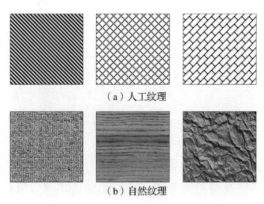

（a）人工纹理

（b）自然纹理

图 5-2　纹理图像示例

不同于灰度、颜色等图像特征，纹理特征通过像素及其周边空间域像素的灰度分布进行描述，也就是局部纹理信息。局部纹理的反复排布呈现出的重复性，就是所谓的全局纹理信息。纹理信息在表现全局特征性质的同时，也体现了图像或图像所在区域对应景物的表面特性。纹理特征只是对物体表面特性进行描述，并不能反映物体的本质属性，即图像高层语义信息。

纹理特征提取过程是通过一定的图像处理技术抽取出纹理特征，从而获得纹理的定量或定性描述的过程。纹理特征提取的基本过程如下。

1. 纹理基元建模

从像素出发，找出纹理基元（即纹理图像中辨识能力比较强的特征），并根据纹理基元的排列信息建立起纹理基元模型。

2. 整体纹理模型构建

利用纹理基元模型对纹理图像进行特征提取，以支持对图像的进一步分割、分类以及辨识，形成图像整体纹理模型。

常见的纹理特征提取方法大致可以分为如下 4 类。

1. 统计分析法

统计分析法又称为基于统计纹理特征的检测方法，该类方法假设纹理图像在空间灰度分布上存在某种重复性，通过对纹理图像的灰度空间分布进行计算，从而得到纹理特征，主要包括灰度直方图法、灰度共生矩阵法、灰度行程长度法、灰度差分统计、交叉对角矩阵、自相关函数法等。该类方法在木纹、沙地、草地之类的图像分析上很有效。其主要优势是：方法简单、易于实现，典型的代表方法是灰度共生矩阵法，被公认为是比较有效的纹理分析方法。

2. 结构分析法

结构分析法认为纹理基元之间存在某种结构规则关系，该类方法首先对图像中的纹理基元进行分离，然后基于纹理基元的特征和空间排列规则对纹理进行表征，主要包括偏心度、面积、方向等特征，其主要目标是通过图像结构特征和排列规则的描述得到纹理特征的描述，此类算法主要适用于已知纹理基元的情况，对砖墙、纤维等纹理基元和排列规则都比较明显的图像分析比较有效。

3. 模型分析法

模型分析法基于像素及其邻域像素之间的关系建立模型，根据不同模型提取不同特征量，进行参数估计。典型的模型分析法包括自回归法、马尔可夫条件随机场法以及分形法等。

4. 频谱分析法

频谱分析法又称为信号处理法和滤波方法。该方法将纹理图像从空间域变换到频域，然后通过计算峰值处的面积、峰值与原点的距离平方、峰值处的相位、两个峰值间的相角差等，获得在空间域不易获得的纹理特征，如周期、功率谱信息等。典型的频谱分析法有二维傅里叶（变换）滤波方法、Gabor（变换）滤波变换和小波方法等。

5.2.1　统计纹理分析方法

统计纹理分析方法是较常用的纹理特征描述分析方法，也是纹理图像研究中被研究最多、出现最早的一类方法。统计纹理分析法通过统计图像的空间频率、边界频率以及空间灰度依赖关系等对纹理进行描述。

一般而言，细致的纹理具有高的空间频率。例如，布匹的纹理是非常细致的纹理，其纹理基元较小，出现频率较高。而粗糙的纹理结构则具有较低的空间频率，如大理石纹理一般较粗糙，具有较大的纹理基元，出现频率较低。因此，纹理图像的空间频率可以作为纹理描述的一种方式。边界频率是另外一种基于统计的纹理图像描述方法，边界频率越高，表明纹理越精细。空间灰度依赖关系方法通过描述纹理结构之间的空间依赖关系描述纹理。

目前常用的统计纹理分析方法有自相关函数、边界频率、灰度共生矩阵等。统计纹理分析方法并不刻意精确描述纹理的结构。从统计学的角度看，纹理图像是一些复杂的模式，通常通过获得的统计特征集描述这些模式。

灰度共生矩阵法也称为联合概率矩阵法。该方法基于图像中灰度结构重复出现的概率对图像纹理特征进行描述。该方法的本质是使用条件概率表征纹理特征，通过对空间上具有某种位置关系的一对像素成对出现的概率进行统计，得到灰度共生矩阵，然后从灰度共生矩阵中提取有意义的统计特征对纹理进行描述。

设纹理图像的大小 $M \times N$，图像灰度级为 L，记 $L_x = \{0,1,\cdots,M-1\}$，$L_y = \{0,1,\cdots,N-1\}$，$G = \{0,1,\cdots,L-1\}$，则可把该图像 f 看作 $L_x \times L_y$ 到灰度值集合 G 的一个映射，即 $L_x \times L_y$ 中的每个像素点对应一个属于该图像 f 的灰度值：$f : L_x \times L_y \to G$。设纹理图像的像素灰度值矩阵中任意两个不同像素的灰度值分别为 i 和 j，则该图像的灰度共生矩阵定义为：沿 θ 方向，像素间隔距离为 d 的所有像素中，灰度值分别为 i 和 j 的像素对共同出现的次数记为 $P(i,j,d,\theta)$。一般 θ 取 $0°$、$45°$、$90°$ 和 $135°$ 4 个方向。分别定义如下：

1. 0° 方向

$$P(i,j,d,0°) = \#\left[(k,l),(m,n)\right] \in \left[(L_x \times L_y) \times (L_x \times L_y)\right]$$
$$k - m = 0, |l - n| = d$$

2. 45° 方向

$$P(i,j,d,45°) = \#\left[(k,l),(m,n)\right] \in \left[(L_x \times L_y) \times (L_x \times L_y)\right]$$
$$k - m = d, l - n = -d \text{ 或 } k - m = -d, l - n = d$$

3. 90° 方向

$$P(i,j,d,90°) = \#\left[(k,l),(m,n)\right] \in \left[(L_x \times L_y) \times (L_x \times L_y)\right]$$
$$|k - m| = d, l - n = 0$$

4. 135° 方向

$$P(i,j,d,135°) = \#\left[(k,l),(m,n)\right] \in \left[(L_x \times L_y) \times (L_x \times L_y)\right]$$
$$k - m = d, l - n = d \text{ 或 } k - m = -d, l - n = -d$$

其中 $[(k,l),(m,n)] \in [(L_x \times L_y) \times (L_x \times L_y)]$ 的含义：一是表示 k 和 m 的取值范围是 L_x，l 和 n 的取值范围是 L_y；二是表示 (k,l) 和 (m,n) 的取值范围是待分析图像的全部像素点坐标；三是表示 $f(k,l) = i$ 且 $f(m,n) = j$。

$\#(i,j)$ 表示的是灰度共生矩阵中的一个元素。位于灰度共生矩阵 (i,j) 处的元素 $\#(i,j)$ 的值是待分析图像中沿方向 θ 像素间隔距离为 d 的所有像素对中，其起点像素的灰度值为 i，终点像素的灰度值为 j 的像素对的个数。

在 d 值和 θ 值给定的情况下，有时将灰度共生矩阵 $P(i,j,d,\theta)$ 进行简写，如 $d=1$ 和 $\theta=0°$ 时，可以简写为 $P(1,0°)$。

例如：已知有图像如下所示，分别计算当 $d=1$ 时的灰度共生矩阵 $P(1,0°)$、$P(1,45°)$、$P(1,90°)$、$P(1,135°)$。

$$\begin{bmatrix} 0 & 0 & 0 & 1 & 1 \\ 0 & 0 & 1 & 1 & 2 \\ 0 & 1 & 2 & 2 & 3 \\ 0 & 2 & 2 & 3 & 3 \\ 2 & 2 & 3 & 3 & 3 \end{bmatrix}$$

解：根据灰度共生矩阵的定义，通过统计 $d=1$ 和 θ 等于 0°、45°、90° 和 135° 4 个方向时，图像中的起点像素灰度值为 i，终点像素灰度值为 j 的相邻像素点对的个数，得到 $\theta=0°$ 时的灰度共生矩阵 $P(1,0°)$：

$$\begin{bmatrix} 6 & 3 & 1 & 0 \\ 3 & 4 & 2 & 0 \\ 1 & 2 & 6 & 3 \\ 0 & 0 & 3 & 6 \end{bmatrix}$$

$\theta=45°$ 时的灰度共生矩阵 $P(1,45°)$：

$$\begin{bmatrix} 6 & 1 & 0 & 0 \\ 1 & 6 & 1 & 0 \\ 0 & 1 & 10 & 0 \\ 0 & 0 & 0 & 6 \end{bmatrix}$$

$\theta=90°$ 时的灰度共生矩阵 $P(1,90°)$：

$$\begin{bmatrix} 8 & 2 & 1 & 0 \\ 2 & 2 & 4 & 0 \\ 1 & 4 & 4 & 3 \\ 0 & 0 & 3 & 6 \end{bmatrix}$$

$\theta=135°$ 时的灰度共生矩阵 $P(1,135°)$：

$$\begin{bmatrix} 2 & 3 & 3 & 0 \\ 3 & 0 & 3 & 1 \\ 3 & 3 & 0 & 4 \\ 0 & 1 & 4 & 2 \end{bmatrix}$$

灰度共生矩阵提供了关于纹理的统计信息，但并不能直接作为纹理特征。实际应用中需要基于灰度共生矩阵进一步计算出纹理图像的特征参数，也称为二次统计量。

利用灰度共生矩阵描述图像纹理的统计量主要有 14 种，包括角二阶矩（能量）、对比度、熵、相关性、均匀性、逆差矩、和平均、和方差、和熵、差方差（变异差异）、差熵、局部平稳性、相关信息测度 1、相关信息测度 2。实际应用中发现，在灰度共生矩阵的 14 个纹理特征参数中仅有能量、对比度、相关性和逆差矩这 4 个特征参数是不相关的，且其既便于计算，又能给出较高的分类精度。设 $P(i,j,d,\theta)$ 为图像中像素距离为 d、方向为 θ 的灰度共生矩阵的 (i,j) 位置上的元素值，下面给出几种典型的灰度共生矩阵纹理特征参数。

1. 角二阶矩（能量）

$$\text{ASM} = \sum_{i=0}^{n-1}\sum_{j=0}^{n-1}\left[P^2(i,j,d,\theta)\right]$$

2. 对比度

$$\text{CON} = \sum_{i=0}^{n-1}\sum_{j=0}^{n-1}\left[(i-j)^2 P(i,j,d,\theta)\right]$$

3. 熵

$$\text{ENT} = -\sum_{i=0}^{n-1}\sum_{j=0}^{n-1}\left[P(i,j,d,\theta)\times\log P(i,j,d,\theta)\right]$$

4. 相关性

$$\text{COR} = \sum_{i=0}^{n-1}\sum_{j=0}^{n-1}[(i-j)P(i,j,d,\theta)-u_x u_y]/\sigma_x\sigma_y$$

$$\text{其中 } u_x = \sum_{i=0}^{n-1}i\sum_{j=0}^{n-1}\left[P(i,j,d,\theta)\right], \quad u_y = \sum_{i=0}^{n-1}j\sum_{j=0}^{n-1}\left[P(i,j,d,\theta)\right]$$

$$\sigma_x = \sum_{i=0}^{n-1}(i-u_x)^2\sum_{j=0}^{n-1}\left[P(i,j,d,\theta)\right], \quad \sigma_y = \sum_{i=0}^{n-1}(j-u_y)^2\sum_{j=0}^{n-1}\left[P(i,j,d,\theta)\right]$$

5. 均匀性

$$\text{HOM} = \sum_{i=0}^{n-1}\sum_{j=0}^{n-1}\frac{1}{1+|i-j|}P(i,j,d,\theta)$$

6. 逆差矩

$$\mu'_k = \sum_{i=0}^{n}\sum_{j}^{n}P(i,j,d,\theta)/(i-j)^k, \quad i \neq j$$

skimage 图像处理库中给出的示例程序如下。

```python
import matplotlib.pyplot as plt
from skimage.feature import greycomatrix, greycoprops
from skimage import data
"""
中文显示工具函数
"""
def set_ch():
    from pylab import mpl
    mpl.rcParams['font.sans-serif']=['FangSong']
    mpl.rcParams['axes.unicode_minus']=False
set_ch()
PATCH_SIZE = 21
# 载入相机图像
image = data.camera()
# 选择图像中的草地区域块
grass_locations = [(474, 291), (440, 433), (466, 18), (462, 236)]
grass_patches = []
for loc in grass_locations:
    grass_patches.append(image[loc[0]:loc[0] + PATCH_SIZE,
                        loc[1]:loc[1] + PATCH_SIZE])
# 选择图像中的天空区域块
```

```python
sky_locations = [(54, 48), (21, 233), (90, 380), (195, 330)]
sky_patches = []
for loc in sky_locations:
    sky_patches.append(image[loc[0]:loc[0] + PATCH_SIZE,
                             loc[1]:loc[1] + PATCH_SIZE])
# 计算每个块中的灰度共生矩阵属性
xs = []
ys = []
for patch in (grass_patches + sky_patches):
    glcm = greycomatrix(patch, [5], [0], 256, symmetric=True,
normed=True)
    xs.append(greycoprops(glcm, 'dissimilarity')[0, 0])
    ys.append(greycoprops(glcm, 'correlation')[0, 0])
# 创建绘图
fig = plt.figure(figsize=(8, 8))
# 展现原始图像，以及图像块的位置
ax = fig.add_subplot(3, 2, 1)
ax.imshow(image, cmap=plt.cm.gray, interpolation='nearest',
          vmin=0, vmax=255)
for (y, x) in grass_locations:
    ax.plot(x + PATCH_SIZE / 2, y + PATCH_SIZE / 2, 'gs')
for (y, x) in sky_locations:
    ax.plot(x + PATCH_SIZE / 2, y + PATCH_SIZE / 2, 'bs')
ax.set_xlabel('原始图像')
ax.set_xticks([])
ax.set_yticks([])
ax.axis('image')
# 对于每个块，plot (dissimilarity, correlation)
ax = fig.add_subplot(3, 2, 2)
ax.plot(xs[:len(grass_patches)], ys[:len(grass_patches)], 'go',
        label='Grass')
ax.plot(xs[len(grass_patches):], ys[len(grass_patches):], 'bo',
        label='Sky')
ax.set_xlabel('灰度共生矩阵相似性')
ax.set_ylabel('灰度共生矩阵相关度')
ax.legend()
# 展示图像块
for i, patch in enumerate(grass_patches):
    ax = fig.add_subplot(3, len(grass_patches), len(grass_
```

```
patches)*1 + i + 1)
        ax.imshow(patch, cmap=plt.cm.gray, interpolation='nearest',
            vmin=0, vmax=255)
        ax.set_xlabel('Grass %d' % (i + 1))
    for i, patch in enumerate(sky_patches):
        ax = fig.add_subplot(3, len(sky_patches), len(sky_patches)*
2 + i + 1)
        ax.imshow(patch, cmap=plt.cm.gray, interpolation='nearest',
            vmin=0, vmax=255)
        ax.set_xlabel('Sky %d' % (i + 1))
    # 展示图像块并显示
    fig.suptitle('Grey level co-occurrence matrix features',
fontsize=14)
    plt.show()
```

基于灰度共生矩阵的纹理描述方法如图 5-3 所示。

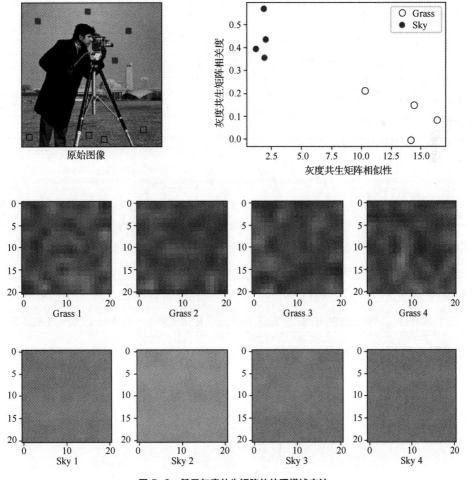

图 5-3 基于灰度共生矩阵的纹理描述方法

5.2.2 Laws 纹理能量测量法

Laws 纹理能量测量法是一种典型的一阶纹理分析方法，在纹理分析领域中有一定影响。Laws 纹理能量测量的基本思想是设置两个窗口：一个是微窗口，可为 3×3、5×5 或 7×7，常取 5×5 测量以像元为中心的小区域的灰度的不规则性，以形成属性，称为微窗口滤波；另一个是宏窗口，为 15×15 或 32×32，用来在更大的区域上求属性的一阶统计量（常为均值和标准偏差），称为能量变换。整个纹理分析过程为：

$$f(x, y) \rightarrow 微窗口滤波 \rightarrow F(x, y) \rightarrow 能量转换 \rightarrow E(x, y) \rightarrow 分类$$

Laws 纹理能量测量法首先定义了一维滤波模板，然后通过卷积形成系列一维、二维滤波模板，用于检测和度量纹理的结构信息。选定的 3 组一维滤波模板是：

L3=[1　2　1] 灰度（Level）
E3=[-1　0　1] 边缘（Edge）
S3=[-1　2　-1] 点（Spot）

L5=[1　4　6　4　1]
E5=[-1　-2　0　2　1]
S5=[-1　0　2　0　-1]
W5=[-1　2　0　-2　1] 波（Wave）
R5=[1　-4　6　-4　1] 涟漪（Ripple）

L7=[1　6　15　20　15　6　1]
E7=[-1　-4　-5　0　5　4　1]
S7=[-1　-2　1　4　1　-2　-1]
W7=[-1　0　3　0　-3　0　1]
R7=[1　-2　-1　4　-1　-2　1]
O7=[-1　6　-15　20　-15　6　-1] 振荡（Oscillation）

1×3 的矢量集是构成更大矢量的基础，每个 1×5 的矢量可以由两个 1×3 矢量的卷积产生。1×7 的矢量可以由 1×3 矢量与 1×5 矢量的卷积产生。垂直矢量和水平矢量可生成二维滤波模板。由滤波模板与图像卷积可以检测不同的纹理能量信息。所以，Laws 纹理能量测量法一般选用 12～15 个 5×5 的模板。以 1×5 矢量为基础，卷积同样维数的矢量，可获得 25 个 5×5 模板。其中最有用的是 5×5 的零和模板，即 $\sum_i \sum_j \alpha_{ij}$，$\alpha_{ij}$ 是模板中的元素，其中 4 个最强性能的的模板是 E5L5 模板、R5R5 模板、E5S5 模板、L5S5 模板。

1. E5L5 模板

$$\begin{bmatrix} -1 & 0 & 2 & 0 & -1 \\ -4 & 0 & 8 & 0 & -4 \\ -6 & 0 & 12 & 0 & -6 \\ -4 & 0 & 8 & 0 & -4 \\ -1 & 0 & 2 & 0 & -1 \end{bmatrix}$$

2. R5R5 模板

$$\begin{bmatrix} 1 & -4 & 6 & -4 & 1 \\ -4 & 16 & -24 & 16 & -4 \\ 6 & -24 & 36 & -24 & 6 \\ -4 & 16 & -24 & 16 & -4 \\ 1 & -4 & 6 & -4 & 1 \end{bmatrix}$$

3. E5S5 模板

$$\begin{bmatrix} -1 & -4 & -6 & -4 & -1 \\ -2 & -8 & -12 & -8 & -2 \\ 0 & 0 & 0 & 0 & 0 \\ 2 & 8 & 12 & 8 & 2 \\ 1 & 4 & 6 & 4 & 1 \end{bmatrix}$$

4. L5S5 模板

$$\begin{bmatrix} -1 & 0 & 2 & 0 & -1 \\ -2 & 0 & 4 & 0 & -2 \\ 0 & 0 & 0 & 0 & 0 \\ 2 & 0 & -4 & 0 & 2 \\ 1 & 0 & -2 & 0 & 1 \end{bmatrix}$$

利用上述模板分别可以滤出水平边缘、高频点、V 形状和垂直边缘。采用 Laws 纹理能量测量法将 8 种纹理图像拼在一起，对该图像作纹理能量测量，将每个像元指定为 8 个可能类中的一个，正确率达 87%。这种纹理分析方法简单、有效，但所提供的模板较少，尚未更多地给出其变化性质，应用受到一定限制。

5.2.3 Gabor 变换

大量心理和生理学研究发现，在人类的低级视觉中，输入信号被一系列具有不同频率和方位的线性空间滤波器分解成一组频率和方位通道，Gabor 变换可以很好地描述这一信号分解过程。Gabor 变换具有两个很重要的特性：一是其良好的空间域与频域局部化性质；二是无论从空间域的起伏特性上，方位选择特性上，空间域与频域选择上，还是从正交相位的关系上，二维 Gabor 基函数具有与大多数哺乳动物的视觉表皮简单细胞的二维感知域模型相似的性质。

我们可以借鉴人类处理信号的特性，用包含多个 Gabor 滤波器的滤波器组对图像进行不同中心频率和方位的滤波处理，从而提取包含不同频率成分和不同方位的特征，作为目标的非参数化特征，研究其不同分辨率目标的特征与图像分辨率的关系。考虑到计算效率的问题，不可能在 Gabor 滤波器组中包含所有中心频率的滤波器，实际应用中通常根据经验选取某几个中心频率和方位。

Gabor 变换属于加窗傅里叶变换。Gabor 函数可以在频域不同尺度、不同方向上提取相关的特征。另外，Gabor 函数与人眼的生物作用相仿，所以经常用作纹理识别上，并取得了较好的效果。二维 Gabor 函数可以表示为

$$f\left(x,y,\sigma_x,\sigma_y,\omega_f,\theta_f\right)=$$

$$\frac{1}{2\pi\sigma_x\sigma_y}\exp\left\{-\left[\frac{(x\cos\theta_f+y\sin\theta_f)^2}{2\sigma_x^2}+\frac{(-x\sin\theta_f+y\cos\theta_f)^2}{2\sigma_y^2}\right]\right\}\bullet$$

$$\exp\left\{j2\pi\left(\omega_f x\cos\theta_f+\omega_f y\sin\theta_f\right)\right\}$$

其中，σ_x 和 σ_y 分别代表水平和垂直方位的空间尺度因子，ω_f 和 θ_f 分别表示中心频率及方位。分解该滤波器可以得到两个实滤波器：余弦 Gabor 滤波器和正弦 Gabor 滤波器。

余弦 Gabor 滤波器表示为

$$f\left(x,y,\sigma_x,\sigma_y,\omega_f,\theta_f\right)=$$

$$\frac{1}{2\pi\sigma_x\sigma_y}\exp\left\{-\left[\frac{(x\cos\theta_f+y\sin\theta_f)^2}{2\sigma_x^2}+\frac{(-x\sin\theta_f+y\cos\theta_f)^2}{2\sigma_y^2}\right]\right\}\bullet$$

$$\cos\left[2\pi\left(\omega_f x\cos\theta_f+\omega_f y\sin\theta_f\right)\right]$$

正弦 Gabor 滤波器表示为

$$f\left(x,y,\sigma_x,\sigma_y,\omega_f,\theta_f\right)=$$

$$\frac{1}{2\pi\sigma_x\sigma_y}\exp\left\{-\left[\frac{(x\cos\theta_f+y\sin\theta_f)^2}{2\sigma_x^2}+\frac{(-x\sin\theta_f+y\cos\theta_f)^2}{2\sigma_y^2}\right]\right\}\bullet$$

$$\sin\left[2\pi\left(\omega_f x\cos\theta_f+\omega_f y\sin\theta_f\right)\right]$$

二维余弦 Gabor 滤波器是较常用的图像特征提取滤波器，通过对余弦 Gabor 滤波器进行傅里叶变换，可得

$$F(\omega_x,\omega_y,\sigma_x,\sigma_y,\omega_f,\theta_f)=$$

$$\frac{1}{2}\exp\left\{-2\pi^2\left[\sigma_x^2\left(\omega_x\cos\theta_f+\omega_y\sin\theta_f+\omega_f\right)^2+\sigma_y^2\left(-\omega_x\sin\theta_f+\omega_y\cos\theta_f\right)^2\right]\right\}+$$

$$\frac{1}{2}\exp\left\{-2\pi^2\left[\sigma_x^2\left(\omega_x\cos\theta_f+\omega_y\sin\theta_f-\omega_f\right)^2+\sigma_y^2\left(-\omega_x\sin\theta_f+\omega_y\cos\theta_f\right)^2\right]\right\}$$

滤波器 $F(\omega_x,\omega_y,\sigma_x,\sigma_y,\omega_f,\theta_f)$ 中有 4 个自由参量：$\sigma_x,\sigma_y,\omega_f,\theta_f$，因此滤波器设计的任务就是确定这 4 个量。

由于图像在计算机中是以离散点的形式存放的，因此为了用 Gabor 滤波器对其进行滤波处理，首先要将连续的 Gabor 滤波器采样获得离散的 Gabor 滤波器。运用 Gabor 滤波器对图像进行滤波，实际上就是用离散化的 Gabor 模板矩阵和图像数据矩阵卷积的过程。当两卷积矩阵很大时，运算量将会急剧增大，如果把空间域中的卷积问题转化到频域中通过相乘来实现，将大大降低运算量。设矩阵 $\boldsymbol{f}_1$，$\boldsymbol{f}_2$ 的傅里叶变换分别为 F_1、F_2，则有：

$$F_1=\text{fft}(\boldsymbol{f}_1)$$
$$F_2=\text{fft}(\boldsymbol{f}_2)$$

由卷积定理得：

$$\text{conv}(\boldsymbol{f}_1,\boldsymbol{f}_2)=\text{ifft}(F_1\times F_2)$$

其中 conv 表示卷积，fft 表示傅里叶变换，ifft 表示逆傅里叶变换，$F_1 \times F_2$ 表示对应元素相乘。Gabor 滤波器滤波过程如图 5-4 所示。

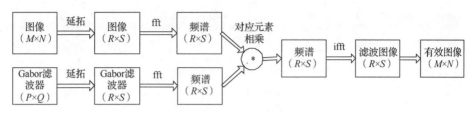

图 5-4 Gabor 滤波器滤波过程

在用含有多个 Gabor 滤波器的滤波器组进行图像特征提取时，具有最低中心频率需要根据目标图像的最大尺寸 l 确定，但是实际应用时这一尺寸不一定能够被获得，此时可以粗略地用 $\sqrt{w^2 + h^2}$ 代替 l，相应的 $\omega_{f_{\min}} = \dfrac{1}{4\sqrt{w^2 + h^2}}$。

使用 Gabor 进行纹理特征提取的示例代码如下。

```python
import matplotlib.pyplot as plt
import numpy as np
from scipy import ndimage as ndi
from skimage import data
from skimage.util import img_as_float
from skimage.filters import gabor_kernel
"""
中文显示工具函数
"""
def set_ch():
    from pylab import mpl
    mpl.rcParams['font.sans-serif']=['FangSong']
    mpl.rcParams['axes.unicode_minus']=False
set_ch()
def compute_feats(image, kernels):
    feats = np.zeros((len(kernels), 2), dtype=np.double)
    for k, kernel in enumerate(kernels):
        filtered = ndi.convolve(image, kernel, mode='wrap')
        feats[k, 0] = filtered.mean()
        feats[k, 1] = filtered.var()
    return feats
def match(feats, ref_feats):
    min_error = np.inf
    min_i = None
    for i in range(ref_feats.shape[0]):
        error = np.sum((feats - ref_feats[i, :])**2)
```

```
        if error < min_error:
            min_error = error
            min_i = i
    return min_i
# 准备 Gabor 卷积核
kernels = []
for theta in range(4):
    theta = theta / 4. * np.pi
    for sigma in (1, 3):
        for frequency in (0.05, 0.25):
            kernel = np.real(gabor_kernel(frequency, theta=theta,
                    sigma_x=sigma, sigma_y=sigma))
            kernels.append(kernel)
shrink = (slice(0, None, 3), slice(0, None, 3))
brick = img_as_float(data.load('brick.png'))[shrink]
grass = img_as_float(data.load('grass.png'))[shrink]
wall = img_as_float(data.load('rough-wall.png'))[shrink]
image_names = ('砖块', '草地', '墙壁')
images = (brick, grass, wall)
# 准备参考特征
ref_feats = np.zeros((3, len(kernels), 2), dtype=np.double)
ref_feats[0, :, :] = compute_feats(brick, kernels)
ref_feats[1, :, :] = compute_feats(grass, kernels)
ref_feats[2, :, :] = compute_feats(wall, kernels)
print('Rotated images matched against references using Gabor
filter banks:')
print('original: brick, rotated: 30deg, match result: ', end='')
feats = compute_feats(ndi.rotate(brick, angle=190, reshape=
False), kernels)
print(image_names[match(feats, ref_feats)])
print('original: brick, rotated: 70deg, match result: ', end='')
feats = compute_feats(ndi.rotate(brick, angle=70, reshape=False),
kernels)
print(image_names[match(feats, ref_feats)])
print('original: grass, rotated: 145deg, match result: ', end='')
feats = compute_feats(ndi.rotate(grass, angle=145, reshape=
False), kernels)
print(image_names[match(feats, ref_feats)])
def power(image, kernel):
```

```
        # Normalize images for better comparison.
        image = (image - image.mean()) / image.std()
        return np.sqrt(ndi.convolve(image, np.real(kernel), mode=
'wrap')**2 +ndi.convolve(image, np.imag(kernel), mode='wrap')**2)
    # Plot a selection of the filter bank kernels and their responses.
    results = []
    kernel_params = []
    for theta in (0, 1):
        theta = theta / 4. * np.pi
        for frequency in (0.1, 0.4):
            kernel = gabor_kernel(frequency, theta=theta)
            params = 'theta=%d,\nfrequency=%.2f' % (theta * 180 / np.pi,
frequency)
            kernel_params.append(params)
            # Save kernel and the power image for each image
            results.append((kernel, [power(img, kernel) for img in images]))
    fig, axes = plt.subplots(nrows=5, ncols=4, figsize=(5, 6))
    plt.gray()
    #fig.suptitle('Image responses for Gabor filter kernels', fontsize=12)
    axes[0][0].axis('off')
    # Plot original images
    for label, img, ax in zip(image_names, images, axes[0][1:]):
        ax.imshow(img)
        ax.set_title(label, fontsize=9)
        ax.axis('off')
    for label, (kernel, powers), ax_row in zip(kernel_params, results,
axes[1:]):
        # Plot Gabor kernel
        ax = ax_row[0]
        ax.imshow(np.real(kernel), interpolation='nearest')
        ax.set_xlabel(label, fontsize=7)
        ax.set_xticks([])
        ax.set_yticks([])
        # Plot Gabor responses with the contrast normalized for each filter
        vmin = np.min(powers)
        vmax = np.max(powers)
        for patch, ax in zip(powers, ax_row[1:]):
            ax.imshow(patch, vmin=vmin, vmax=vmax)
            ax.axis('off')
```

基于 Gabor 滤波器的纹理特征提取如图 5-5 所示。

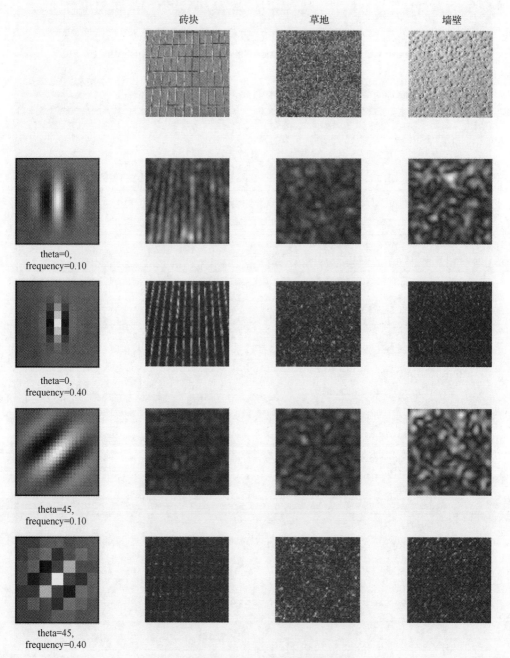

图 5-5　基于 Gabor 滤波器的纹理特征提取

5.2.4　局部二值模式

局部二值模式（Local Binary Pattern，LBP）的基本思想是将中心像素点的灰度值作为阈值，将其邻域内的像素点灰度值与阈值进行比较，从而得到二进制编码用以表述局部纹理特征。LBP 表示方法不易受图像整体灰度线性变化的影响，当图像的灰度值发生线性均匀变化时，其 LBP 特征编码是不变的。LBP 特征计算简单，表征能力强，在纹理特征描述上具有较好的效果。

基本的 LBP 算子：3×3 的矩形块，有 1 个中心像素和 8 个邻域像素分别对应 9 个灰度值。特征值：以中心像素的灰度值为阈值，将其邻域的 8 个灰度值与阈值比较，大于中心灰度值的像素用 1 表示，反之用 0 表示。然后根据顺时针方向读出 8 个二进制值。经阈值化后的二值矩阵可看成一个二值纹理模式，用来刻画邻域内像素点的灰度相对中心点的变化情况。因为人类视觉系统对纹理的感知与平均灰度（亮度）无关，而局部二值模式方法注重像素灰度的变化，所以它符合人类视觉对图像纹理的感知特点。LBP 计算过程如图 5-6 所示。

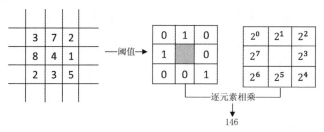

图 5-6　LBP 计算过程

使用 LBP 方法提取某个图像的纹理特征的代码如下。

```
import skimage.feature
import skimage.segmentation
import matplotlib.pyplot as plt
from skimage.data import coffee
img = coffee()
for colour_channel in (0, 1, 2):
    img[:, :, colour_channel] = skimage.feature.local_binary_
pattern(img[:, :, colour_channel], 8,1.0,method='var')
plt.imshow(img);
plt.show()
```

基于 LBP 计算图像的纹理特征如图 5-7 所示。

图 5-7　基于 LBP 计算图像的纹理特征

129

使用 LBP 对纹理图像进行特征提取，并使用不同 LBP 变种进行表示的代码如下。

```python
"""
基于二值模式的图像纹理分类
"""
import numpy as np
import matplotlib.pyplot as plt
METHOD = 'uniform'
plt.rcParams['font.size'] = 9
"""
中文显示工具函数
"""
def set_ch():
    from pylab import mpl
    mpl.rcParams['font.sans-serif']=['FangSong']
    mpl.rcParams['axes.unicode_minus']=False
set_ch()
def plot_circle(ax, center, radius, color):
    circle = plt.Circle(center, radius, facecolor=color,
edgecolor='0.5')
    ax.add_patch(circle)
def plot_lbp_model(ax, binary_values):
    """LBP 方法模型绘制."""
    # Geometry spec
    theta = np.deg2rad(45)
    R = 1
    r = 0.15
    w = 1.5
    gray = '0.5'
    # Draw the central pixel.
    plot_circle(ax, (0, 0), radius=r, color=gray)
    # Draw the surrounding pixels.
    for i, facecolor in enumerate(binary_values):
        x = R * np.cos(i * theta)
        y = R * np.sin(i * theta)
        plot_circle(ax, (x, y), radius=r, color=str(facecolor))
    # Draw the pixel grid.
    for x in np.linspace(-w, w, 4):
        ax.axvline(x, color=gray)
        ax.axhline(x, color=gray)
```

```
        # Tweak the layout.
        ax.axis('image')
        ax.axis('off')
        size = w + 0.2
        ax.set_xlim(-size, size)
        ax.set_ylim(-size, size)
    fig, axes = plt.subplots(ncols=5, figsize=(7, 2))
    titles = ['flat', 'flat', 'edge', 'corner', 'non-uniform']
    binary_patterns = [np.zeros(8),
                       np.ones(8),
                       np.hstack([np.ones(4), np.zeros(4)]),
                       np.hstack([np.zeros(3), np.ones(5)]),
                       [1, 0, 0, 1, 1, 1, 0, 0]]
    for ax, values, name in zip(axes, binary_patterns, titles):
        plot_lbp_model(ax, values)
        ax.set_title(name)
#二值模式特征提取部分
from skimage.transform import rotate
from skimage.feature import local_binary_pattern
from skimage import data
from skimage.color import label2rgb
# settings for LBP
radius = 3
n_points = 8 * radius
def overlay_labels(image, lbp, labels):
    mask = np.logical_or.reduce([lbp == each for each in labels])
    return label2rgb(mask, image=image, bg_label=0, alpha=0.5)
def highlight_bars(bars, indexes):
    for i in indexes:
        bars[i].set_facecolor('r')
image = data.load('brick.png')
lbp = local_binary_pattern(image, n_points, radius, METHOD)
def hist(ax, lbp):
    n_bins = int(lbp.max() + 1)
    return ax.hist(lbp.ravel(), normed=True, bins=n_bins, range=(0, n_bins), facecolor='0.5')
    # 绘制LBP直方图
    fig, (ax_img, ax_hist) = plt.subplots(nrows=2, ncols=3, figsize=(9, 6))
```

```
    plt.gray()
    titles = ('edge', 'flat', 'corner')
    w = width = radius - 1
    edge_labels = range(n_points // 2 - w, n_points // 2 + w + 1)
    flat_labels = list(range(0, w + 1)) + list(range(n_points - w,
n_points + 2))
    i_14 = n_points // 4           # 1/4th of the histogram
    i_34 = 3 * (n_points // 4)      # 3/4th of the histogram
    corner_labels = (list(range(i_14 - w, i_14 + w + 1)) +
                     list(range(i_34 - w, i_34 + w + 1)))
    label_sets = (edge_labels, flat_labels, corner_labels)
    for ax, labels in zip(ax_img, label_sets):
        ax.imshow(overlay_labels(image, lbp, labels))
    for ax, labels, name in zip(ax_hist, label_sets, titles):
        counts, _, bars = hist(ax, lbp)
        highlight_bars(bars, labels)
        ax.set_ylim(top=np.max(counts[:-1]))
        ax.set_xlim(right=n_points + 2)
        ax.set_title(name)
    ax_hist[0].set_ylabel('Percentage')
    for ax in ax_img:
        ax.axis('off')
#使用 LBP 对图像纹理进行分类
radius = 2
n_points = 8 * radius
def kullback_leibler_divergence(p, q):
    p = np.asarray(p)
    q = np.asarray(q)
    filt = np.logical_and(p != 0, q != 0)
    return np.sum(p[filt] * np.log2(p[filt] / q[filt]))
def match(refs, img):
    best_score = 10
    best_name = None
    lbp = local_binary_pattern(img, n_points, radius, METHOD)
    n_bins = int(lbp.max() + 1)
    hist, _ = np.histogram(lbp, density=True, bins=n_bins, range=
(0, n_bins))
    for name, ref in refs.items():
        ref_hist, _ = np.histogram(ref, density=True, bins=n_bins,
```

```
                              range=(0, n_bins))
        score = kullback_leibler_divergence(hist, ref_hist)
        if score < best_score:
            best_score = score
            best_name = name
    return best_name
brick = data.load('brick.png')
grass = data.load('grass.png')
wall = data.load('rough-wall.png')
refs = {
    'brick': local_binary_pattern(brick, n_points, radius, METHOD),
    'grass': local_binary_pattern(grass, n_points, radius, METHOD),
    'wall': local_binary_pattern(wall, n_points, radius, METHOD)
}
# 对特征进行分类
print('Rotated images matched against references using LBP:')
print('original: brick, rotated: 30deg, match result: ',
      match(refs, rotate(brick, angle=30, resize=False)))
print('original: brick, rotated: 70deg, match result: ',
      match(refs, rotate(brick, angle=70, resize=False)))
print('original: grass, rotated: 145deg, match result: ',
      match(refs, rotate(grass, angle=145, resize=False)))
# 绘制 LBP 纹理直方图
fig, ((ax1, ax2, ax3), (ax4, ax5, ax6)) = plt.subplots(nrows=2,
ncols=3, figsize=(9, 6))
plt.gray()
ax1.imshow(brick)
ax1.axis('off')
hist(ax4, refs['brick'])
ax4.set_ylabel('Percentage')
ax2.imshow(grass)
ax2.axis('off')
hist(ax5, refs['grass'])
ax5.set_xlabel('Uniform LBP values')
ax3.imshow(wall)
ax3.axis('off')
hist(ax6, refs['wall'])
plt.show()
```

LBP 算子类别如图 5-8 所示。

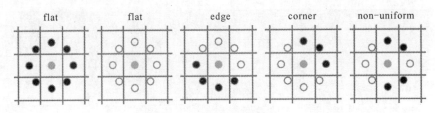

图 5-8　LBP 算子类别

如图 5-9 所示为基于 LBP 对纹理图像进行分类。

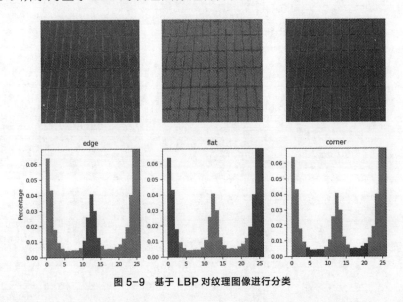

图 5-9　基于 LBP 对纹理图像进行分类

形状和区域特征是图像中的另外一类重要特征。不同于颜色、纹理等底层特征，对形状特征的描述必须以对图像中的物体或区域对象的分割为前提。形状特征的表示方法可以分为两类：一是基于轮廓特征，典型方法是傅里叶描述符方法；二是基于区域特征，典型方法是形状无关矩方法。轮廓特征中只用到物体的边界，而区域特征则需要考虑到整个形状区域。下文将详细介绍这两类方法，另外也会简要介绍一些简单形状特征。

5.3.1　简单形状特征

1. 矩形度

矩形度反应物体对其外接矩形的充满程度，用物体的面积与其最小外接矩形的面积之比描述，即：

$$R = \frac{A_O}{A_{\mathrm{MER}}}$$

A_O 是该物体的面积，而 A_{MER} 是其外接矩形的面积。当物体为矩形时，R 取得最大值 1.0；圆形物体的 R 取值为 $\pi/4$；细长的、弯曲的物体的 R 的取值变小。

与矩形度相关的辅助特征为长宽比，$r = \dfrac{W_{\mathrm{MER}}}{L_{\mathrm{MER}}}$，其中 W_{MER} 表示物体外接矩形的宽度，L_{MER} 表示外接矩形的长度。利用长宽比可以将细长的物体与圆形或方形的物体区分开。

2. 球状性

球状性（Sphericity）既可以描述二维目标，也可以描述三维目标，其定义为 $S = \dfrac{r_i}{r_c}$，描述二维目标时，r_i 表示目标区域内切圆的半径，r_c 表示目标区域外接圆的半径，两个圆的圆心都在区域的重心上，如图 5-10 所示。

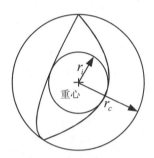

图 5-10　球状性示意图

可知 S 的取值范围为 $0 < S \leqslant 1$。当目标区域为圆形时，目标的球状性值 S 达到最大值 1，当目标区域为其他形状时，$S < 1$。显然，S 不受区域平移、旋转和尺度变化的影响。

3. 圆形性

目标圆形性（Doularity）是指用目标区域 R 的所有边界点定义的特征量，其定义式为 $C = \dfrac{\mu_R}{\sigma_R}$。设 (x_i, y_i) 为图像边界点坐标，$(\bar{x}, \bar{y})$ 为图像的重心坐标，其中 μ_R 是从区域重心到边界点 $(\bar{x}, \bar{y})$ 的平均距离，定义 $\mu_R = \dfrac{1}{K} \sum\limits_{i=0}^{K-1} |(x_i, y_i) - (\bar{x}, \bar{y})|$，而 σ_R 是从区域重心到边界点的距离均方差，定义 $\sigma_R = \dfrac{1}{K} \sum\limits_{i=0}^{K-1} [|(x_i, y_i) - (\bar{x}, \bar{y})| - \mu_R]^2$。

针对灰度图像，区域重心可以定义为：

$$\bar{x} = \frac{\sum\limits_{j=0}^{N-1} \sum\limits_{i=0}^{M-1} x_i I(x_i, y_j)}{\sum\limits_{i=0}^{M-1} \sum\limits_{j=0}^{N-1} I(x_i, y_j)}$$

$$\bar{y} = \frac{\sum\limits_{i=0}^{M-1} \sum\limits_{j=0}^{N-1} y_i I(x_i, y_j)}{\sum\limits_{i=0}^{M-1} \sum\limits_{j=0}^{N-1} I(x_i, y_j)}$$

5.3.2 傅里叶描述符

傅里叶描述符是用于单封闭曲线形状特征描述的常用工具。傅里叶描述符将待描述目标曲线看作一维数值序列，使用傅里叶变换对该序列进行转换，得到描述该曲线的一系列傅里叶系数。傅里叶描述符具有计算简单、描述清晰等优点。相较于其他复杂的描述方法，傅里叶描述符更加直观，易于理解。

傅里叶描述方法一般分为两步：首先，定义对轮廓线的表示，把坐标的序列点看作复数，即 $s(k) = x(k) + jy(k)$，x 轴作为实轴，y 轴作为虚轴，边界的性质不变。这种表示方法的优点是将一个二维边缘描述问题简化成一个一维序列描述问题。其次，对一维序列 $s(k)$ 进行傅里叶变换，并求得其傅里叶系数。

$$a(u) = \sum_{k=0}^{N-1} s(k) e^{-j2\pi uk/N}$$

傅里叶描述符序列 $\{a(u)\}$ 反映了原曲线的形状特征。由于傅里叶变换具有能量集中性，少量的傅里叶描述符就可以重构出原曲线。使用 Python 实现傅里叶描述符示例代码如下。

```python
import numpy as np
import matplotlib.pyplot as plt
from skimage import measure
# 构建测试数据
x, y = np.ogrid[-np.pi:np.pi:100j, -np.pi:np.pi:100j]
r = np.sin(np.exp((np.sin(x)**3 + np.cos(y)**2)))
# 找出轮廓边界
contours = measure.find_contours(r, 0.8)
# 显示对应边界
fig, ax = plt.subplots()
ax.imshow(r, interpolation='nearest', cmap=plt.cm.gray)
for n, contour in enumerate(contours):
    ax.plot(contour[:, 1], contour[:, 0], linewidth=2)
ax.axis('image')
ax.set_xticks([])
ax.set_yticks([])
plt.show()
# 提取傅里叶形状描述符
contour_array = contour
contour_complex = np.empty(contour_array.shape[:-1], dtype=
complex)
contour_complex.real = contour_array[:, 0]
contour_complex.imag = contour_array[:, 1]
fourier_result = np.fft.fft(contour_complex)
print(fourier_result.shape)
```

5.3.3　形状无关矩

由于图像区域的某些矩对于平移、旋转、尺度等几何变换具有一些不变的特性，使得矩的表示方法在物体的分类与识别方面具有重要的意义。对于二元有界函数 $f(x,y)$，它的 $(j+k)$ 阶矩为：

$$M_{jk} = \iint x^j y^k f(x,y)\mathrm{d}x\mathrm{d}y \qquad j,k = 0,1,2,\cdots$$

由于 j 和 k 可取所有的非负整数值，因此可以形成一个矩的无限集。而且，这个集合完全可以确定函数 $f(x,y)$ 本身。换句话说，集合 $\{M_{jk}\}$ 对于函数 $f(x,y)$ 是唯一的，也只有 $f(x,y)$ 才具有这种特定的矩集。为了描述物体的形状，假设 $f(x,y)$ 的目标物体取值为 1，背景为 0，即函数只反映物体的形状，而忽略其内部灰度级细节。参数 $j+k$ 称为矩的阶。特别地，零阶矩是物体的面积，即：

$$M_{00} = \iint f(x,y)\mathrm{d}x\mathrm{d}y$$

对二维离散函数 $f(x,y)$，零阶矩可表示为：

$$M_{00} = \sum_{x=1}^{N} \sum_{y=1}^{M} f(x,y)$$

所有的一阶矩和高阶矩除以 M_{00}，即可做到矩的值与物体的大小无关。

1.　质心坐标与中心距

当 $j=1$，$k=0$ 时，M_{10} 对二值图像来讲就是物体上所有点的 x 坐标的总和，类似 M_{01} 就是物体上所有点的 y 坐标的总和，所以，$\bar{x} = \dfrac{M_{10}}{M_{00}}$，$\bar{y} = \dfrac{M_{01}}{M_{00}}$ 就是二值图像中一个物体的质心坐标。为了获得矩的不变特征，往往采用中心矩以及归一化的中心距。中心距的定义为

$$M'_{jk} = \sum_{x=1}^{N} \sum_{y=1}^{M} (x-\bar{x})^j (y-\bar{y})^k f(x,y)$$

式中，$\bar{x}$ 和 $\bar{y}$ 是物体的质心。中心矩以质心作为原点进行计算，因此它具有位置无关性。

2.　主轴

使二阶中心距变得最小的旋转角 θ 可以由式（5-1）得出。

$$\tan 2\theta = \frac{2\mu_{11}}{\mu_{20} - \mu_{02}} \tag{5-1}$$

将 x、y 轴分别旋转 θ 角得坐标轴 x' 和 y'，x'、y' 称为该物体的主轴。如果物体在计算矩之前旋转 θ 角，或相对于 x'、y' 轴计算矩，那么计算后得出的矩具有旋转不变性。

3.　不变矩组合

相对于主轴计算并用面积归一化的中心距，在物体放大、平移、旋转时保持不变。只有三阶或更高阶的矩经过这样的归一化后不能保持不变性。对于 $j+k=2,3,4,\cdots$ 的高阶矩，可以定义归一化的中心矩为：$u_{jk} = M'_{jk} / (M_{00})'$，$r=((j+k)/2+1)$。

利用归一化的中心距，可以获得 6 个不变矩组合，这些组合对于平移、旋转、尺度等变换都是不变的，它们是：

$$\varphi_1 = \mu_{20} + \mu_{02}$$

$$\varphi_2 = (\mu_{20} - \mu_{02})^2 + 4\mu_{11}$$
$$\varphi_3 = (\mu_{30} - 3\mu_{12})^2 + (\mu_{03} - 3\mu_{21})^2$$
$$\varphi_4 = (\mu_{30} + \mu_{12})^2 + (\mu_{03} + \mu_{21})^2$$
$$\varphi_5 = (\mu_{30} - 3\mu_{12})(\mu_{03} + \mu_{12})[(\mu_{30} + \mu_{12})^2 - 3(\mu_{03} + \mu_{21})^2] + (\mu_{03} - 3\mu_{21})(\mu_{30} + \mu_{21})[(\mu_{03} + \mu_{21})^2 - 3(\mu_{30} + \mu_{12})^2]$$
$$\varphi_6 = (\mu_{20} - \mu_{02})[(\mu_{30} + \mu_{12})^2 - (\mu_{03} + \mu_{21})^2] + 4\mu_{11}(\mu_{30} + \mu_{12})(\mu_{03} + \mu_{21})$$

5.4 图像边缘特征提取

图像边缘具有方向和幅度两个主要成分。沿边缘方向移动，像素的灰度值变化速率较为平缓。而沿垂直于边缘的方向移动，像素的灰度值变化速率较为剧烈。这种剧烈的变化或者呈阶跃状（Step Edge），或者呈屋顶状（Roof Edge），分别称为阶跃状边缘和屋顶状边缘。根据边缘的性质，一般用一阶和二阶导数对其进行描述与检测，如图 5-11 所示。

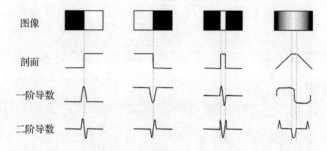

（a）上升阶跃边缘 （b）下降阶跃边缘 （c）脉冲状边缘 （d）屋顶边缘

图 5-11　图像边缘的类型

综上，图像中的边缘可以通过对它们求导数确定，而导数可利用微分算子计算。对于数字图像来说，通常利用差分近似微分。

图像边缘检测的基本步骤如下。

1. 滤波

边缘检测主要基于导数计算，但易受噪声影响，滤波操作的主要目的是降低噪声的干扰，但滤波在降低噪声的同时也会损失边缘强度。

2. 增强

增强算法将局部邻域中灰度值有显著变化的点突出显示，一般可通过计算梯度幅值完成。

3. 检测

有些图像中梯度幅值较大的并不是边缘点，需要对其进行进一步的筛选。最简单的检测方法是设定梯度幅值阈值。

4. 定位

定位即精确确定边缘的位置。

传统边缘检测的流程如图 5-12 所示。

图 5-12 传统边缘检测的流程

5.4.1 梯度边缘检测

设 $f(x, y)$ 为连续图像函数，G_x 和 G_y 分别为 x 方向和 y 方向的梯度，在点 (x, y) 处的梯度可以表示为一个矢量，并有其梯度定义：

$$G(f(x, y)) = \left[\frac{\partial f(x, y)}{\partial x} \quad \frac{\partial f(x, y)}{\partial y} \right]^{\mathrm{T}}$$

令：

$$G_x = \frac{\partial f(x, y)}{\partial x}$$

$$G_y = \frac{\partial f(x, y)}{\partial y}$$

该梯度矢量在点 (x, y) 处的梯度幅值定义为：

$$|G(x, y)| = \sqrt{G_x^2 + G_y^2}$$

实际中常用两个分量的绝对值之和近似梯度幅值，即：

$$|G_4(x, y)| = |G_x| + |G_y|$$

或用其最大值近似梯度幅值：

$$|G_8(x, y)| \approx \max \left\{ |G_x| + |G_{(y)}| \right\}$$

梯度的方向（由梯度矢量的幅角表示）是函数 $f(x, y)$ 增加最快的方向，定义为

$$\varphi(x, y) = \arctan(G_y / G_x)$$

从梯度原理出发，已经发展了许多边缘检测算子，后面是几种最典型的边缘检测算子的介绍。

5.4.2 一阶边缘检测算子

1. 罗伯特算子

罗伯特边缘检测算子用对角线上相邻像素之差代替梯度寻找边缘。罗伯特算子是一个交叉算子，其在点 (i, j) 的梯度幅值表示为：

$$|G(i, j)| = |f(i, j) - f(i+1, j+1)| + |f(i+1, j) - f(i, j+1)| \tag{5-2}$$

令：

$$G_x = f(i, j) - f(i+1, j+1)$$
$$G_y = f(i+1, j) - f(i, j+1)$$

则式（5-2）可以改写为式（5-3）。

$$|G(i, j)| = |G_x| + |G_y| \tag{5-3}$$

而 G_x 和 G_y 可以分别用以下局部差分算子进行计算。

$$R_x = \begin{bmatrix} 1 & 0 \\ 0 & -1 \end{bmatrix} \qquad R_y = \begin{bmatrix} 0 & -1 \\ 1 & 0 \end{bmatrix}$$

可得：

$$R_x f(i,j) = f(i,j) - f(i+1,j+1) = G_x$$
$$R_y f(i,j) = f(i+1,j) - f(i,j+1) = G_y$$

罗伯特边缘检测的步骤为：

（1）用两个模板分别对图像进行运算得到 $R_x f$ 和 $R_y f$，并计算 $|G(i,j)| = |G_x| + |G_y|$；

（2）判别该相加结果是否大于或等于某个阈值，如果满足条件，则将其作为结果图像中对应模板 (i,j) 位置的像素值；如果不满足条件，则给结果图像中对应模板 (i,j) 位置的像素赋 0 值。

罗伯特算子的实现代码如下，结果如图 5-13 所示。

（a）原始图像　　　　　　　　　　　（b）罗伯特边缘检测

图 5-13　罗伯特算子边缘处理

```python
import matplotlib.pyplot as plt
from skimage.data import camera
from skimage.filters import roberts
"""
中文显示工具函数
"""
def set_ch():
    from pylab import mpl
    mpl.rcParams['font.sans-serif']=['FangSong']
    mpl.rcParams['axes.unicode_minus']=False
set_ch()
image = camera()
edge_roberts = roberts(image)
fig, ax = plt.subplots(ncols=2, sharex=True, sharey=True,
                figsize=(8, 4))
ax[0].imshow(image, cmap=plt.cm.gray)
ax[0].set_title('原始图像')
ax[1].imshow(edge_roberts, cmap=plt.cm.gray)
```

```
ax[1].set_title('Roberts 边缘检测')
for a in ax:
    a.axis('off')
plt.tight_layout()
plt.show()
```

由于罗伯特边缘检测算子是利用图像的两个对角线方向的相邻像素之差进行梯度幅值的检测，所以求得的是在差分点 $(i+1/2, j+1/2)$ 处梯度幅值的近似值，而不是预期的点 (i, j) 处的近似值。为了避免引起混淆，可采用 3×3 邻域计算梯度值。

2. 索贝尔算子

索贝尔算子是 3×3 的，该梯度矢量在点 (i, j) 处的梯度幅值定义为：

$$|G(i,j)| = \sqrt{G_x^2 + G_y^2}$$

简化的卷积模板表示为：

$$\left|G_4(i,j)\right| = \left|G_x\right| + \left|G_y\right|$$

其中，G_x 和 G_y 是 3×3 像素窗口（模板）的中心点像素在 x 方向和 y 方向上的梯度，即利用索贝尔边缘检测算子得到的是边缘检测结果图像中与 3×3 模板的中心点 (i, j) 对应的位置处的像素值。G_x 和 G_y 的定义如下：

$$G_x = [f(i-1,j+1) + 2f(i,j+1) + f(i+1,j+1)] - (f(i-1,j-1) + 2f(i,j-1) + f(i+1,j-1)]$$
$$G_y = [f(i+1,j-1) + 2f(i+1,j) + f(i+1,j+1)] - (f(i-1,j-1) + 2f(i-1,j) + f(i-1,j+1)]$$

其中，x 方向和 y 方向梯度的模板形式为

$$S_x = \begin{bmatrix} -1 & 0 & 1 \\ -2 & 0 & 2 \\ -1 & 0 & 1 \end{bmatrix} \quad S_y = \begin{bmatrix} 1 & 2 & 1 \\ 0 & 0 & 0 \\ -1 & -2 & -1 \end{bmatrix}$$

索贝尔边缘检测的步骤为：

（1）用两个模板分别对图像进行计算，得出 $|G(i,j)| = \left|G_x\right| + \left|G_y\right|$；

（2）判别该相加结果是否大于或等于某个阈值，如果满足条件，则将其作为结果图像中对应模板 (i, j) 位置的像素值；如果不满足条件，则给结果图像中对应模板 (i, j) 位置的像素赋 0 值。

实现代码如下。

```
import matplotlib.pyplot as plt
from skimage.data import camera
from skimage.filters import sobel,sobel_v,sobel_h
"""
中文显示工具函数
"""
def set_ch():
    from pylab import mpl
    mpl.rcParams['font.sans-serif']=['FangSong']
    mpl.rcParams['axes.unicode_minus']=False
```

```
set_ch()
image = camera()
edge_sobel = sobel(image)
edge_sobel_v=sobel_v(image)
edge_sobel_h=sobel_h(image)
fig, ax = plt.subplots(ncols=2, nrows=2,sharex=True, sharey=True,
        figsize=(8, 4))
ax[0,0].imshow(image, cmap=plt.cm.gray)
ax[0,0].set_title('原始图像')
ax[0,1].imshow(edge_sobel, cmap=plt.cm.gray)
ax[0,1].set_title('Sobel 边缘检测')
ax[1,0].imshow(edge_sobel_v, cmap=plt.cm.gray)
ax[1,0].set_title('Sobel 垂直边缘检测')
ax[1,1].imshow(edge_sobel_h, cmap=plt.cm.gray)
ax[1,1].set_title('Sobel 水平边缘检测')
for a in ax:
    for j in a:
        j.axis('off')
plt.tight_layout()
plt.show()
```

基于索贝尔算子的边缘检测如图 5-14 所示。

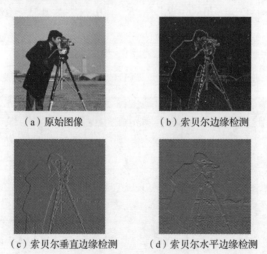

（a）原始图像　　　　　（b）索贝尔边缘检测

（c）索贝尔垂直边缘检测　　　（d）索贝尔水平边缘检测

图 5-14　基于索贝尔算子的边缘检测

　　注意，在实现过程中，索贝尔算子又可以分为垂直方向索贝尔算子 Sobel_V 以及水平方向索贝尔算子 Sobel_H，分别可以对垂直方向和水平方向的边缘进行检测，形成类似图 5-13 所示的浮雕效果。

　　索贝尔边缘检测算子在较好地获得边缘效果的同时,并对噪声具有一定的平滑作用,减小了对噪声的敏感性。但索贝尔边缘检测算子检测的边缘比较粗，会检测出一些伪边缘，边缘检测精度比较低。

3. Prewitt 算子

Prewitt 算子在方向和方向的梯度幅值上的形式与索贝尔算子的形式完全相同，只是系数均为 1，对应的 3×3 模板分别为：

$$H_x = \begin{bmatrix} -1 & 0 & 1 \\ -1 & 0 & 1 \\ -1 & 0 & 1 \end{bmatrix} \qquad H_y = \begin{bmatrix} 1 & 1 & 1 \\ 0 & 0 & 0 \\ -1 & -1 & -1 \end{bmatrix}$$

Prewitt 算子的计算比索贝尔算子更简单，但在噪声抑制方面，索贝尔算子比 Prewitt 算子略胜一筹。总体上说，梯度算子对噪声都有一定的敏感性，所以适用于图像边缘灰度值比较尖锐，且图像中噪声比较小的情况。读者可以查阅 skimage 文档进行 Prewitt 算子的实现。

5.4.3 二阶边缘检测算子

在利用一阶导数的边缘检测算子（器）进行边缘检测时，有时会出现因检测到的边缘点过多而导致边缘（线）过粗的情况。通过去除一阶导数中的非局部最大值，就可以检测出更细的边缘，而一阶导数的局部最大值对应二阶导数的零交叉点。所以，通过找图像的二阶导数的零交叉点就能找到精确的边缘点。

1. 拉普拉斯（Laplace）算子

对于阶跃状边缘，其二阶导数在边缘点出现过零交叉，即边缘点两旁的二阶导数取异号，据此可以通过二阶导数检测边缘点。Laplace 边缘检测算子正是对二维函数进行二阶导数运算的标量算子，定义为：

$$\nabla^2 f = \frac{\partial^2 f}{\partial x^2} + \frac{\partial^2 f}{\partial y^2}$$

其二阶差分可以近似表示为：

$$\frac{\partial^2 f}{\partial x^2} = \frac{\partial G_x}{\partial x} = \frac{\partial [f(i+1,j) - f(i,j)]}{\partial x}$$

$$= \frac{\partial f(i+1,j)}{\partial x} - \frac{\partial f(i,j)}{\partial x}$$

$$= f(i+2,j) - 2f(i+1,j) + f(i,j)$$

同理，

$$\frac{\partial^2 f}{\partial y^2} = f(i,j+1) - 2f(i,j) + f(i,j-1)$$

进一步合并，可得：

$$\frac{\partial^2 f}{\partial x^2} + \frac{\partial^2 f}{\partial y^2} = f(i+1,j) + f(i,j+1) - 4f(i,j) + f(i-1,j) f(i,j-1)$$

对应的拉普拉斯运算模板如下：

$$H_1 = \begin{bmatrix} 0 & -1 & 0 \\ -1 & 4 & -1 \\ 0 & -1 & 0 \end{bmatrix} \qquad H_2 = \begin{bmatrix} -1 & -1 & -1 \\ -1 & 8 & -1 \\ -1 & -1 & -1 \end{bmatrix}$$

Laplace 算子实现代码如下。

```python
import matplotlib.pyplot as plt
from skimage.data import camera,coffee
from skimage.filters import laplace
"""
中文显示工具函数
"""
def set_ch():
    from pylab import mpl
    mpl.rcParams['font.sans-serif']=['FangSong']
    mpl.rcParams['axes.unicode_minus']=False
set_ch()
image = camera()
edge_laplace = laplace(image)
image1=coffee()
edge_laplace1=laplace(image1)
fig, ax = plt.subplots(ncols=2,nrows=2,sharex=True, sharey=True,
                figsize=(8, 6))
ax[0,0].imshow(image, cmap=plt.cm.gray)
ax[0,0].set_title('原始图像')
ax[0,1].imshow(edge_laplace, cmap=plt.cm.gray)
ax[0,1].set_title('Laplace 边缘检测')
ax[1,0].imshow(image1)
ax[1,0].set_title('原始图像')
ax[1,1].imshow(edge_laplace1)
ax[1,1].set_title('Laplace 边缘检测')
for a in ax:
    for j in a:
        j.axis('off')
plt.tight_layout()
plt.show()
```

基于 Laplace 算子的边缘检测如图 5-15 所示。

边缘检测算子模板的基本特征是中心位置的系数为正,其余位置的系数为负,且模板的系数之和为零。它的使用方法是用图中的两个点阵之一作为卷积核,与原图像进行卷积运算即可。Laplace 检测模板的特点是各向同性,对孤立点及线端的检测效果好,Laplace 算子的缺点是会出现边缘方向信息丢失,对噪声敏感,整体检测效果不如梯度算子,且须注意到与索贝尔算子相比,对图像进行处理时,Laplace 算子能使噪声成分得到加强,对噪声更敏感。

（a）原始图像

（b）Laplace 边缘检测

（c）原始图像

（d）Laplace 边缘检测

图 5-15　基于 Laplace 算子的边缘检测

2. LoG 边缘检测算子

实际应用中，由于噪声的影响，对噪声敏感的边缘检测点检测算法（如拉普拉斯算子法）可能会把噪声当边缘点检测出来，而真正的边缘点会被噪声淹没而未检测出。为此，Marr 和 Hildreth 提出了马尔算子，因为是基于 Gauss 算子和 Laplace 算子的，所以也称高斯-拉普拉斯（Laplacian of Gaussian，LoG）边缘检测算子，简称 LoG 算子。该方法是先采用 Gauss 算子对原图像进行平滑降低噪声，孤立的噪声点和较小的结构组织将被滤除。由于平滑会导致边缘的延展，因此在边缘检测时仅考虑那些具有局部最大值的点为边缘点。可以用 Laplace 算子将边缘点转换成零交叉点，然后通过零交叉点的检测实现边缘检测。所谓零交叉点就是，如果一个像素处的值小于某一阈值 θ_0，同时像素 8-连通的各个像素都大于 θ_0（ θ_0 是一个正数），那么这个像素就是零交叉点。这样还能克服 Laplace 算子对噪声敏感的缺点，减少了噪声的影响。LoG 算子二阶导数零交叉的性质对边缘进行定位，在图像边缘检测方面得到了较好的应用。

简言之，LoG 算子就是一个高斯算子后面叠加上一个 Laplace 算子，这样起到了首先抑制噪声的目的，后面通过 Laplace 进行边缘的检测与提取。典型的二维高斯函数的形式为：

$$G\left(x,y,\sigma\right)=-\frac{1}{2\pi\sigma^2}\mathrm{e}^{-\frac{x^2+y^2}{2\sigma^2}}$$

其中，σ 称为尺度因子，用于控制去噪效果；实验结果表明，当 $\sigma=1$ 时，去噪效果较好。

LoG 边缘检测算法可分为两个主要过程。

（1）利用二维高斯函数对图像进行低通滤波，即用二维高斯函数与原图像 $f(x,y)$ 进行卷积。

$$g(x,y) = G\left(x,y,\sigma\right)*f(x,y)$$

可得到平滑后的图像 $g_0(x,y)$。二维高斯函数及其导数图像如图 5-16 和图 5-17 所示。

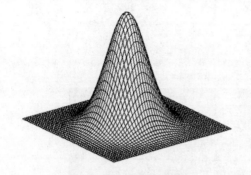

图 5-16　二维高斯函数图像

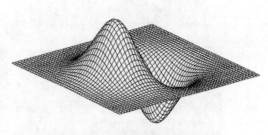

图 5-17　二维高斯函数导数图像

（2）使用 Laplace 算子 ∇^2 对 $g_0(x,y)$ 进行二阶导数运算，就可提取卷积运算后的零交叉点作为图像的边缘，见式（5-4）。

$$\nabla^2 g_0(x,y) = \nabla^2\left[G\left(x,y,\sigma\right)*f(x,y)\right] \qquad （5-4）$$
$$= \nabla^2 G\left(x,y,\sigma\right)*f(x,y)$$

其中，

$$\nabla^2 G\left(x,y,\sigma\right) = \frac{\partial G}{\partial x^2} + \frac{\partial G}{\partial y^2} = \frac{1}{\pi\sigma^4}\left(\frac{x^2+y^2}{2\sigma^2} - 1\right)e^{-\frac{x^2+y^2}{2\sigma^2}}$$

称为 LoG 算子。边缘检测算法对原图像进行边缘检测的结果图像 $g(x,y)$ 可表示为：

$$g(x,y) = \nabla^2 G\left(x,y,\sigma\right)*f(x,y)$$

LoG 算子函数图像如图 5-18 所示。

图 5-18　LoG 算子函数图像

LoG 算子把 Gauss 的平滑滤波器和 Laplacian 锐化滤波器结合了起来，即把用二维高斯函数与原图像 $f(x,y)$ 进行卷积和用 Laplace 算子 ∇^2 对卷积结果进行二阶导数运算结合起来；先平滑掉噪声，再进行边缘检测（因为二阶导数等于 0 处对应的像素就是图像的边缘），所以边缘检测的效果会更好。实际应用中，LoG 算子一般取如下 5×5

的模板。

$$\begin{bmatrix} -2 & -4 & -4 & -4 & -2 \\ -4 & 0 & 8 & 0 & -4 \\ -4 & 8 & 24 & 8 & -4 \\ -4 & 0 & 8 & 0 & -4 \\ -2 & -4 & -4 & -4 & -2 \end{bmatrix}$$

Laplace 算子实现代码及效果如下。

```python
import matplotlib.pyplot as plt
from skimage.data import camera,coffee
from skimage.filters import laplace,gaussian
"""
中文显示工具函数
"""
def set_ch():
    from pylab import mpl
    mpl.rcParams['font.sans-serif']=['FangSong']
    mpl.rcParams['axes.unicode_minus']=False
set_ch()
image = camera()
edge_laplace = laplace(image)
gaussian_image=gaussian(image)
edge_LoG=laplace(gaussian_image)
fig, ax = plt.subplots(ncols=2,nrows=2,sharex=True, sharey=True,
                figsize=(8, 6))
ax[0,0].imshow(image, cmap=plt.cm.gray)
ax[0,0].set_title('原始图像')
ax[0,1].imshow(edge_laplace, cmap=plt.cm.gray)
ax[0,1].set_title('Laplace 边缘检测')
ax[1,0].imshow(gaussian_image,cmap=plt.cm.gray)
ax[1,0].set_title('高斯平滑后图像')
ax[1,1].imshow(edge_LoG,cmap=plt.cm.gray)
ax[1,1].set_title('LoG 边缘检测')
for a in ax:
    for j in a:
        j.axis('off')
plt.tight_layout()
plt.show()
```

基于 LoG 的边缘检测效果如图 5-19 所示。

（a）原始图像

（b）Laplace 边缘检测

（c）高斯平滑后的图像

（d）LoG 边缘检测

图 5-19　基于 LoG 的边缘检测效果

　　LoG 算子用到的卷积模板一般比较大（典型的半径为 8～32 个像素），不过这些模板可以分解为一维卷积来快速计算。常用的 LoG 算子是 5×5 模板。与其他边缘检测算子一样，LoG 算子也是先对边缘做出假设，然后在这个假设下寻找边缘像素。但 LoG 算子对边缘的假设条件最少，它的应用范围更广。另外，其他边缘检测算子检测得到的边缘是不连续、不规则的，还需要连接这些边缘，而 LoG 算子的结果没有这个缺点。对于 LoG 算子边缘检测的结果，可以通过高斯函数标准偏差 σ 进行调整。即 σ 值越大，噪声滤波效果越好，但同时也丢失了重要的边缘信息，影响了边缘检测的性能；σ 值越小，又有可能平滑不完全而留有太多的噪声。因此，在不知道物体尺度和位置的情况下，很难准确确定滤波器的 σ 值。一般来说，使用大 σ 值的滤波器产生鲁棒边缘，使用小 σ 值的滤波器产生精确定位的边缘，两者结合，能够检测出图像的最佳边缘。数学上已证明，马尔算子是按零交叉检测阶跃状边缘的最佳算子。但在实际图像中要注意到，高斯滤波的零交叉点不一定全部是边缘点，还需要进一步对其真伪进行检验。

5.5　图像点特征提取

　　如果图像中的一个非常小的区域的灰度幅值与其邻域值相比有明显的差异，则称这个非常小的区域为图像点（一般意义上的孤立像素点），如图 5-20 所示。

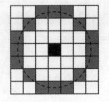

图 5-20　图像点特征示意

目前对图像点特征提取的技术有很多种，其中研究最多、应用最广的是角点检测算法。关于图像角点的定义有多种不同的看法。从直观可视的角度出发，两条直线相交的顶点可看作是角点；物体的几个平面的相交处也可以看作是角点。从图像特征的角度出发，图像中周围灰度变化较剧烈的点可看作是角点；图像边界上曲率足够高的点也可看作是角点。常见角点类型示例如图 5-21 所示。

图 5-21　常见角点类型示例

角点的检测方法有很多种，其检测原理也多种多样，但这些方法概括起来大体可以分为 3 类：一是基于模板的角点检测算法；二是基于边缘的角点检测算法；三是基于图像灰度变化的角点检测算法。其中，基于图像灰度变化的角点检测算法应用最广泛。下面主要介绍 SUSAN 角点检测算法。

SUSAN 算法选用圆形模板。将位于圆形窗口模板中心等待检测的像素点称为核心点。核心点的邻域被划分为两个区域：亮度值相似于核心点亮度的区域即核值相似区（Univalue Segment Assimilating Nucleus，USAN）和亮度值不相似于核心点亮度的区域。SUSAN 算法通过核值相似区的大小判别图像角点，并实现图像中角点特征的检测及提取。SUSAN 算子常见检测模板如图 5-22 所示。

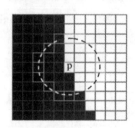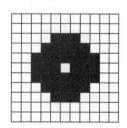

图 5-22　SUSAN 算子常见检测模板

在 SUSAN 方法中，当模板在目标图像上移动时，图像中位于圆形模板（窗口）中心等待被检测的像素称为核心点。在假设图像非纹理的情况下，核心点的邻域（图像中位于圆形模板下的除核心点像素以外的其他像素组成的区域）被划分为两个区域：一个是灰度值等于（或相似于）核心点灰度值的区域，称为核值相似区，即 USAN；另一个是灰度值不相似于核心点灰度值的区域，即与核心点像素灰度值相差比较明显的像素组成的区域。设阈值 t 为一几何灰度门限，当某一像素点的灰度值与模板核心像素点灰度的差值小于几何门限 t 时，就认为该点与核心点具有相同（或相近）的灰度值，由满足该条件的所有像素点组成的区域称为 USAN 区域。由 USAN 区域的定义可知，USAN 区域包含了图像的局部结构信息，其大小反映了图像局部特征的强度。当模板在图像上移动时，USAN 区域大体可以分为 3 类：当模板完全处于图像的背景（如图 5-22 中的白色区域）或目标中（如图 5-22 中的阴影区域）时，USAN 区域最大，区域大小等于模板大小，如图 5-23 位置 A。

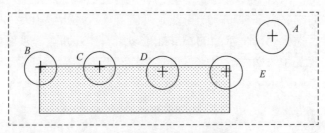

图 5-23　SUSAN 算子不同区域图示

当模板中心处于角点上时，USAN 区域最小，如图 5-23 中的位置 B；当模板中心处于边界上时，USAN 区域大小为模板大小的一半，如图 5-23 中的位置 C；当模板由图像中逐渐移向图像边缘时，USAN 区域逐渐变小，如图 5-23 中的位置 E。

SUSAN 算子进行角点检测的过程如下。

（1）用模板在图像上进行扫描移动，利用给定的阈值 t，通过对图像中模板内任意像素点与核心像素点灰度差值的比较判别该像素点是否属于 USAN 区域。当灰度差值小于或等于阈值 t 时，认为该像素点属于 USAN 区域；当灰度差值大于阈值 t 时，认为该像素点不属于 USAN 区域。其数学表达式为：

$$C(\vec{r},\vec{r}_0) = \begin{cases} 1 & f\,|\,I(\vec{r})-I(\vec{r}_0))\,|\leqslant t \\ 0 & f\,|\,I(\vec{r})-I(\vec{r}_0))\,|> t \end{cases} \tag{5-5}$$

其中，$\vec{r}_0$ 为图像中模板核心点像素的位置，$\vec{r}$ 表示图像中的模板除中心以外的其他任意一点的位置；$I(\vec{r})$ 和 $I(\vec{r}_0)$ 分别表示待定像素点 $\vec{r}$ 和 $\vec{r}_0$ 中心像素点的灰度值；t 表示灰度差阈值，阈值取值的大小决定了角点选取的精度。为了计算可靠，可以用式（5-6）对替换式（5-5）。

$$C(\vec{r},\vec{r}_0) = \mathrm{e}^{-\left[\frac{I(\vec{r})-I(\vec{r}_0)}{6}\right]^6} \tag{5-6}$$

这样，模板内所有像素点对应的 USAN 区域大小就可以表示为：

$$n(\vec{r}) = \sum_{\vec{r}} C(\vec{r},\vec{r}_0)$$

（2）当得到目标的所有像素点的 USAN 区域大小后，就可以通过各点的能量响应函数判断该点是否为角点，各像素点的能量响应函数 $R(\vec{r}_0)$ 定义为：

$$R(\vec{r}_0) = \begin{cases} T-n(\vec{r}_0) & \text{if }|\,n(\vec{r}_0)\,|< T \\ 0 & \text{其他} \end{cases}$$

其中，$n(\vec{r}_0)$ 表示点的 USAN 区域大小；T 是预先设定的几何门限阈值，用于决定哪些像素点可以被视为角点。当目标图像中的某一像素点的 USAN 区域小于几何门限时，该像素点就被判定为角点，否则就不是角点。

（3）使用非最大抑制（No Max Supperssion，NMS）方法找特征点，即通过将一边缘点作为 3×3 模板的中心，与它的 8 邻域范围内的点进行比较，保留灰度值最大者，这样就可以找出特征点了。

（4）剔除虚假角点。

SUSAN 算子部分实现代码及效果如下。

```
import numpy as np
```

```
from skimage.data import camera
def susan_mask():
    mask=np.ones((7,7))
    mask[0,0]=0
    mask[0,1]=0
    mask[0,5]=0
    mask[0,6]=0
    mask[1,0]=0
    mask[1,6]=0
    mask[5,0]=0
    mask[5,6]=0
    mask[6,0]=0
    mask[6,1]=0
    mask[6,5]=0
    mask[6,6]=0
    return mask
def susan_corner_detection(img):
    img = img.astype(np.float64)
    g=37/2
    circularMask=susan_mask()
    output=np.zeros(img.shape)
    for i in range(3,img.shape[0]-3):
        for j in range(3,img.shape[1]-3):
            ir=np.array(img[i-3:i+4, j-3:j+4])
            ir = ir[circularMask==1]
            ir0 = img[i,j]
            a=np.sum(np.exp(-((ir-ir0)/10)**6))
            if a<=g:
                a=g-a
            else:
                a=0
            output[i,j]=a
    return output
image=camera()
out=susan_corner_detection(image)
from matplotlib import pyplot as plt
plt.imshow(out,cmap='gray')
plt.show()
```

基于 SUSAN 算子的角点检测响应图像如图 5-24 所示。

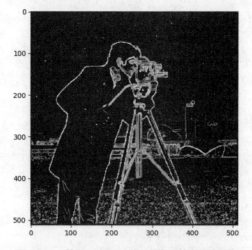

图 5-24 基于 SUSAN 算子的角点检测响应图像

5.6 小结

本章首先对图像特征提取进行了简单介绍，其次主要介绍了全局特征提取技术，如颜色、纹理、形状特征提取，最后对局部特征提取技术（如边缘检测、角点检测）进行了简单介绍。

5.7 本章练习

1. 尝试使用网络搜索其他颜色特征提取方法，并进行实现。

2. 5.5 节的代码仅实现了 SUSAN 角点的前 3 步，请查找网络上的内容实现其第 4 步，即虚假角点的剔除。

3. 纹理特征的主要特点是什么？

4. 比较各种边缘检测算法的优缺点及应用场合。

5. 全局特征提取和局部特征提取的主要区别是什么？

图像压缩

chapter

06

　　数字化之后的图像数据占用的空间非常大，如一幅分辨率为 800 像素×600 像素的 32 位灰度图像，其像素数目为 480 000，占用空间大小为 480 000×32bit=480 000×4B ≈ 1.83×1024×1024B，即 1.83MB。目前电影的帧率一般为 24 帧每秒，此分辨率下存储一秒电影需要 1.83×24=43.92MB。图像数据大小给图像存储及图像传输造成很大的困难。图像压缩是将图像数据存在的冗余信息去掉，以实现有效压缩。

　　本章主要介绍数字图像压缩的相关技术，即分别从熵编码、预测编码和变换编码入手讲解如何实现图像压缩，并使用 JPEG 压缩标准对它们进行统一。

数据是用来表示信息的。如果不同的方法为表示给定量的信息使用了不同的数据量，那么使用较多数据量的方法中，有些数据必然代表了无用的信息，或者是重复地表示了其他数据已表示的信息，这些重复信息就是冗余数据。冗余数据的存在为图像的压缩提供了可能。针对图像压缩问题，主要考虑如下 3 种冗余。

1. 编码冗余

如果一个图像的灰度级编码使用了多于实际需要的编码符号，就称该图像包含了编码冗余。如图 6-1 所示，可以使用 8 位表示图像的像素，也可以使用 1 位表示该图像的像素。若使用 8 位表示该图像，就称该图像存在编码冗余。

图 6-1　编码冗余图例

2. 像素间冗余

像素间冗余反映了图像中像素之间的相互关系。图像像素值并非完全随机，而是与其相邻像素存在某种关联关系。对于一幅图像，很多单个像素对视觉的贡献是冗余的。它的值可以通过与它相邻的像素值进行预测。因为任何给定像素的值可以根据与这个像素相邻的像素进行预测，所以单个像素携带的信息相对较少。举例如下。

原图像数据：234　223　231　238　235

压缩后数据：234　−11　8　　7　　−3

3. 心理视觉冗余

眼睛对所有视觉信息感受的灵敏度不同，相比之下，有些信息在通常的视觉过程中并不那么重要，这些信息被认为是心理视觉冗余的，去除这些信息并不会明显降低图像质量。由于消除心理视觉冗余数据会导致一定量信息的丢失，所以这一过程通常又称为量化。心理视觉冗余压缩是不可恢复的，量化的结果导致数据有损压缩。

编码冗余、像素间冗余、心理视觉冗余是一般图像压缩的基础，在此基础上发展出各类编码和压缩算法。按照压缩过程中是否出现信息丢失，可以将图像压缩算法大致分为有损压缩和无损压缩两类。无损图像压缩方法有行程长度编码、熵编码法等。有损图像压缩方法包括变换编码、分形压缩等。

如图 6-2 所示，无损压缩和有损压缩都是以更少的信息对原图像进行表示，但无损压缩在图像压缩之后可以将信息的原貌进行恢复，而有损压缩在进行图像压缩之后，会使部分信息丢失，导致无法完全进行原始图像的重建。

根据编码原理，可编码方法分为如下 4 类。

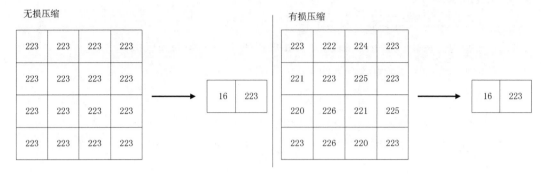

图 6-2　无损图像压缩示例

1．熵编码或统计编码

熵编码或统计编码属于无损编码，给出现概率较大的符号赋予一个短码字，给出现概率较小的符号赋予一个长码字，从而使最终的平均码长很小。主要的熵编码方法包括哈夫曼编码、香农编码、算术编码等。

2．预测编码

基于图像数据的空间或时间冗余特性，用相邻的已知像素（或像素块）预测当前像素（或像素块）的取值，然后再对预测误差进行量化和编码，包括脉冲编码调制（PCM）、差分脉冲编码调制（DPCM）等。

3．变换编码

将空域上的图像变换到另一变换域上，变换后图像的大部分能量只集中到少数几个变换系数上，采用适当的量化和熵编码就可以有效地压缩图像。

4．混合编码

混合编码是综合了熵编码、变换编码或预测编码的编码方法，如 JPEG 标准和 MPEG 标准。

本章对一些常用的压缩编码算法进行讲解和实现，6.2 节介绍熵编码技术，6.3 节对预测编码进行介绍，6.4 节对变换编码中的典型技术进行介绍，6.5 节对当前比较流行的 JPEG 压缩标准进行讲解。

6.2　熵编码技术

熵编码技术是一类典型无损编码技术。该类编码技术基于信息论对图像进行重新编码，通常的做法是给出现概率较高的符号一个较短的编码，而给出现概率较低的符号一个较长的编码，保证平均编码长度最短。主要的编码方法包括哈夫曼编码、香农编码及算术编码。

熵编码的基础是信息熵 $\text{entropy} = -\sum_i p_i \log(p_i)$，其中 p_i 表示某类符号出现的概率，$-\log(p_i)$ 表示承载该类符号需要的信息量。信息熵是表征某个数据集合或序列所需的最优编码长度的理论值，各种熵编码算法均是从不同角度对此理论值进行近似。

6.2.1 哈夫曼编码

给定如图 6-3 所示的图像，图像中包含 0，1，2，3，4 共 5 种元素，假如采用简单二进制定长编码，每个元素至少需要用 3bit 数据表示，平均编码长度为 3。

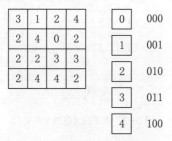

图 6-3　最简单的二进制编码

与图 6-3 所示编码方式不同，哈夫曼编码是不定长编码。哈夫曼编码的基本方法是先对图像数据扫描一遍，计算出各种像素出现的概率，按概率的大小指定不同长度的唯一码字，由此得到一张该图像的哈夫曼码表。编码后的图像数据记录的是每个像素的码字，而码字与实际像素值的对应关系记录在码表中。

其基本步骤如下。

（1）统计出每级灰度出现的频率，如图 6-4 所示。

3	1	2	4
2	4	0	2
2	2	3	3
2	4	4	2

灰度值：　　0　　1　　2　　3　　4

出现频率：　1/16　1/16　7/16　3/16　4/16

图 6-4　哈夫曼编码步骤 1

（2）从左到右把上述频率按从小到大的顺序排列，如图 6-5 所示。

3	1	2	4
2	4	0	2
2	2	3	3
2	4	4	2

灰度值：　　0　　1　　3　　4　　2

出现频率：　1/16　1/16　3/16　4/16　7/16

图 6-5　哈夫曼编码步骤 2

（3）选出频率最小的两个值（1/16，1/16）作为二叉树的两个叶子节点，将频率和 2/16 作为它们的根节点，新的根节点再参与其他频率排序，如图 6-6 所示。

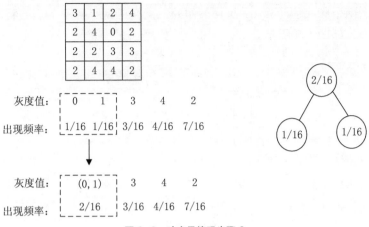

图 6-6　哈夫曼编码步骤 3

（4）选出频率最小的两个值（2/16，3/16）作为二叉树的两个叶子节点，将频率和 5/16 作为它们的根节点，新的根节点再参与其他频率排序，如图 6-7 所示。

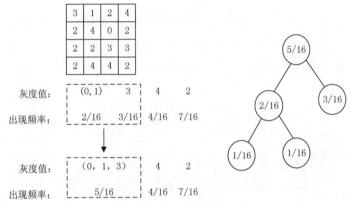

图 6-7　哈夫曼编码步骤 4

（5）选出频率最小的两个值（4/16，5/16）作为二叉树的两个叶子节点，将频率和 9/16 作为它们的根节点，新的根节点再参与其他频率排序，如图 6-8 所示。

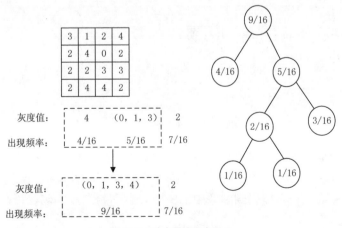

图 6-8　哈夫曼编码步骤 5

（6）最后，两个频率值（7/16，9/16）作为二叉树的两个叶子节点，将频率和 1 作为它们的根节点，如图 6-9 所示。

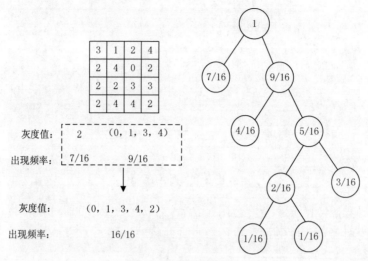

图 6-9　哈夫曼编码步骤 6

（7）分配码字。将形成的二叉树的左节点标 0，右节点标 1。把从最上面的根节点到最下面的叶子节点途中遇到的 0，1 序列串起来，就得到各级灰度的编码，如图 6-10 所示。

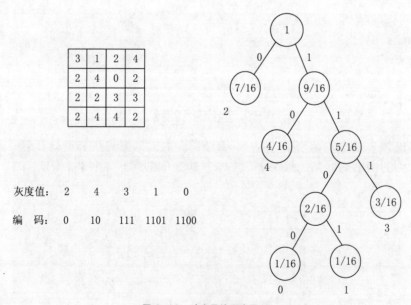

图 6-10　哈夫曼编码步骤 7

哈夫曼编码的基本步骤可以总结如下：①将需要考虑的像素值按概率排序，并将最低概率的像素符号联结为一个单一符号。②对每个化简后的像素进行编码，从出现概率最小的像素符号开始，一直编码到图像中的所有元素。哈夫曼编码过程可用如下代码进行实现。

```
import numpy as np
```

```python
import queue
"""
定义需要进行编码的图像
"""
image = np.array(
    [
        [3,1,2,4],
        [2,4,0,2],
        [2,2,3,3],
        [2,4,4,2]
    ]
)
"""
计算每种元素出现的概率
"""
hist = np.bincount(image.ravel(), minlength=5)
probabilities = hist / np.sum(hist)
"""
找出数据中的最小元素
"""
def get2smallest(data):
    first = second = 1;
    fid = sid = 0
    for idx, element in enumerate(data):
        if (element < first):
            second = first
            sid = fid
            first = element
            fid = idx
        elif (element < second and element != first):
            second = element
    return fid, first, sid, second
"""
定义哈夫曼树节点
"""
class Node:
    def __init__(self):
        self.prob = None
        self.code = None
```

```
            self.data = None
            self.left = None
            self.right = None                        # 元素值存储在叶节点
        def __lt__(self, other):
            if (self.prob < other.prob):    # 定义优先树中排序规则
                return 1
            else:
                return 0
        def __ge__(self, other):
            if (self.prob > other.prob):
                return 1
            else:
                return 0
"""
构建哈夫曼树
"""
def tree(probabilities):
    prq = queue.PriorityQueue()
    for color, probability in enumerate(probabilities):
        leaf = Node()
        leaf.data = color
        leaf.prob = probability
        prq.put(leaf)
    while (prq.qsize() > 1):
        newnode = Node()      # 创建新节点
        l = prq.get()
        r = prq.get()          # 找出叶节点中概率最小的两个
        # 移除最小的两个节点
        newnode.left = l       # 左侧是较小的
        newnode.right = r
        newprob = l.prob + r.prob        # 新的概率是两个小概率相加
        newnode.prob = newprob
        prq.put(newnode)       # 插入新节点，替代原有的两个节点
    return prq.get()           # 返回根节点，完成树的构建
"""
对哈夫曼树进行遍历，得出编码
"""
def huffman_traversal(root_node, tmp_array, f):
    if (root_node.left is not None):
```

```
        tmp_array[huffman_traversal.count] = 1
        huffman_traversal.count += 1
        huffman_traversal(root_node.left, tmp_array, f)
        huffman_traversal.count -= 1
    if (root_node.right is not None):
        tmp_array[huffman_traversal.count] = 0
        huffman_traversal.count += 1
        huffman_traversal(root_node.right, tmp_array, f)
        huffman_traversal.count -= 1
    else:
        huffman_traversal.output_bits[
            root_node.data] = huffman_traversal.count  # 得出每个元
素的编码值
        bitstream = ''.join(str(cell) for cell in tmp_array
[1:huffman_traversal.count])
        color = str(root_node.data)
        wr_str = color + ' ' + bitstream + '\n'
        f.write(wr_str)  # 保存到文件中
    return
root_node = tree(probabilities)
tmp_array = np.ones([4], dtype=int)
huffman_traversal.output_bits = np.empty(5, dtype=int)
huffman_traversal.count = 0
f = open('codes.txt', 'w')
huffman_traversal(root_node, tmp_array, f)  # 遍历树结构, 给出编码
```

哈夫曼编码的目标是使平均编码长度最小化, 即 $\sum_i p_i L_i$, 其中 p_i 表示第 i 类符号出现的频率, L_i 表示第 i 类符号对应编码长度。哈夫曼编码以贪心模式每次选择概率最大的符号类别分配最短的码长, 期望得到最优编码长度。

哈夫曼编码根据信息论进行数据编码构造, 能够达到接近理论最优编码的编码效率, 但其也存在编码过于复杂的问题。对 J 个符号进行编码, 需要进行 $J-2$ 次符号化简和 $J-2$ 次编码分配, 尤其当符号数量较多时, 复杂度会进一步提高。很多后续算法考虑牺牲编码效率以减少编码构造过程的复杂性。与哈夫曼编码类似的编码方式还包括香农编码以及费诺编码, 这里不一一陈述。

6.2.2 算术编码

假设某种符号出现的概率为 0.999, 按照信息熵, 该类符号的信息量为 $-\log(0.999) \approx 0.00144$, 如果发送 1000 个此种符号, 所需的理论编码量为 $1000 \times 0.00144 = 1.44\text{bit}$ 。而使用哈夫曼编码对这类符号进行编码, 最短编码长度为 1bit, 发送 1000 个此类符号至少需

要 1000 个 bit，远低于期望的理论值。

在算术编码中，信源符号和编码间的一一对应关系并不存在。1 个算术编码要赋给整个信源符号序列，而编码本身确定 0 和 1 之间的 1 个实数区间。随着符号序列中的符号数量增加，用来代表它的区间减小而表达区间的信息单位数量变大。算术编码的具体方法是：将被编码的信源消息表示成实数轴 0～1 的一个间隔，消息越长，编码表示的间隔越小，即这一间隔所需的二进制位数越多。与哈夫曼编码不同，采用算术编码每个符号的平均编码长度可以为小数。

下面以符号序列 *baacc* 为例，对算术编码过程进行演示。

（1）计算信源中各符号出现的概率 $P(a)=0.4$，$P(b)=0.2$，$P(c)=0.4$。

（2）将数据序列中的各数据符号在区间 [0,1] 内的间隔（赋值范围）设定为 $a=[0,0.4)$，$b=[0.4,0.6)$，$c=[0.6,1.0]$，即对第 i 类符号，其区间起始位为 $f(i)=\sum_{j=1}^{i-1}p(j)$，其区间终止位为 $q(i)=\sum_{j=1}^{i}p(j)$，整个区间前闭后开。

（3）找到当前出现概率最小的符号进行压缩。第一个被压缩的符号为"b"，其初始间隔为 [0.4,0.6)。

（4）第二个被压缩的符号为"a"，由于前面的符号"b"的取值区间被限制在 [0.4,0.6) 范围，所以"a"的取值范围应在前一符号间隔 [0.4,0.6) 的 [0,0.4) 子区间内。

起始位为 0.4+0×(0.6-0.4)=0.4

终止位为 0.4+0.4×(0.6-0.4)=0.48

即"a"的实际编码区间为 [0.4,0.48)。

（5）第三个被压缩的符号为"a"，由于前面的符号"a"的取值区间被限制在 [0.4,0.48) 范围，所以"a"的取值范围应在前一符号间隔 [0.4,0.48) 的 [0,0.4) 子区间内。

起始位为 0.4+0×(0.48-0.4)=0.4

终止位为 0.4+0.4×(0.48-0.4)=0.432

即"a"的实际编码区间为 [0.4,0.432)。

（6）第四个被压缩的符号为"c"，其取值范围应在前一符号间隔 [0.4,0.432) 的 [0.6,1] 子区间内。

起始位为 0.4+0.6×(0.432-0.4)=0.4192

终止位为 0.4+1×(0.432-0.4)=0.432

即"c"的实际编码区间为 [0.4192,0.432]。

（7）把区间 [0.42688,0.432] 用二进制形式表示为 [0.0110110101001,0.011011101000011]。

解码过程如下：

（0.42688-0）/1=0.42688　　　　　　得出　*b*

（0.42688-0.4）/0.2=0.1344　　　　　得出　*a*

（0.1344-0）/0.4=0.336　　　　　　　得出　*a*

（0.336-0）/0.4=0.84　　　　　　　　得出　*c*

（0.84-0.6）/0.4=0.6　　　　　　　　得出　*c*

算术编码的算法思想如下。

（1）对一组信源符号按照符号的概率从大到小排序，将[0,1)设为当前分析区间。按信源符号的概率序列在当前分析区间划分比例间隔。

（2）检索"输入消息序列"，锁定当前消息符号（初次检索的话就是第一个消息符号）。找到当前符号在当前分析区间的比例间隔，将此间隔作为新的当前分析区间，并把当前分析区间的起点（即左端点）指示的数"补加"到编码输出数里。当前消息符号指针后移。

（3）仍然按照信源符号的概率序列在当前分析区间划分比例间隔。然后重复第二步，直到"输入消息序列"检索完毕为止。

（4）最后的编码输出数就是编码好的数据。

在算术编码中需要注意 3 个问题。

（1）由于实际计算机的精度不可能无限长，运算中出现溢出是一个明显的问题，但多数计算机都有 16 位，32 位或者 64 位的精度，因此这个问题可以使用比例缩放方法解决。

（2）算术编码器对整个消息只产生一个码字，这个码字是在间隔[0,1)中的一个实数，因此译码器在接收到表示这个实数的所有位之前不能进行译码。

（3）算术编码是一种对错误很敏感的编码方法，如果有一位发生错误，就会导致整个消息译错。

算术编码可以是静态的或者是自适应的。在静态算术编码中，信源符号的概率是固定的。在自适应算术编码中，信源符号的概率根据编码时符号出现的频率动态地修改，在编码期间估算信源符号概率的过程叫作建模。需要开发动态算术编码的原因是事前知道精确的信源概率是很难的，而且不切实际。当压缩消息时，不能期待一个算术编码器获得最大的效率，所能做的最有效的方法是在编码过程中估算概率。因此，动态建模就成为确定编码器压缩效率的关键。

6.2.3　行程编码

行程长度编码（Run- Length Encoding，RLE）压缩算法是 Windows 系统中使用的一种图像文件压缩方法，其基本思想是：将一扫描行中颜色值相同的相邻像素用两个字段表示，第一个字段是一个计数值，用于指定像素重复的次数；第二个字段是具体像素的值，主要通过压缩除掉数据中的冗余字节或字节中的冗余位，从而达到减少文件所占空间的目的。例如，有一个表示颜色像素值的字符串 RRRRRGGBBBBBB，用 RLE 压缩方法压缩后可用 5R2G6B 代替，显然后者的串长度比前者的串长度小得多。译码时按照与编码时采用的相同规则进行，还原后得到的数据与压缩前的数据完全相同。因此，RLE 是无损压缩技术。RLE 编码简单直观，编码/解码速度快，因此许多图形、图像和视频文件，如.BMP、.TIFF 及 AVI 等格式文件的压缩均采用此方法。下面以一个二值序列为例对行程编码进行解释。

图 6-11 所示为黑色表示 0，无色表示 1 的二值序列。若直接进行行程编码，则表示为 3（11）、12（1100）、4（100）、9（1001）、1（1），连接在一起就成为 11110010010011，这种表示不能确定在何处进行打断，因此需要对该编码进行变换。一种方法是：对编码增加可以表示分段的首部，增加的首部见表 6-1。

图 6-11　待编码序列示意

表 6-1　编码增加首部示意表

可表示行程长度值	编码格式	编码长度
1～4	0XX	3
5～8	10XXX	5
9～16	110XXXX	7
17～32	1110XXXXX	9
33～64	11110XXXXXX	11
65～128	111110XXXXXXX	13

3 的编码为 011-1=010（从 1 开始编码，所以减去 1），而 12 的编码为 1100-1=1011，加上首部 110，则 12 的编码为 1101011。整个二值序列的编码为 010110101101111101000000。

编码完成之后，还原方法：从符号串左端开始往右搜索，遇到第一个 0 时停下来，计算这个 0 的前面有几个 1。设 1 的个数为 K，则在 0 后面读 $K+2$ 个符号，这 $K+2$ 个符号表示的二进制数加上 1 的值就是第 l 个行程的长度，如 010110101101111101000000 的解码过程可以通过图 6-12 所示的过程进行。

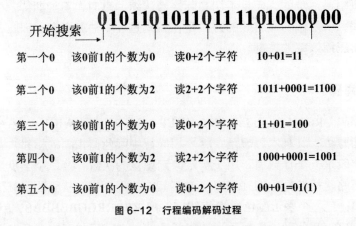

图 6-12　行程编码解码过程

RLE 所能获得的压缩比主要取决于图像本身的特点。图像中具有相同颜色的图像块越大，图像块数目越少，压缩比就越高。行程编码适合于对二值图像的编码，如果图像由很多块颜色或灰度相同的大面积区域组成，采用行程编码可以达到很大的压缩比。通常，为了达到比较好的压缩效果，一般不单独使用行程编码，而是和其他编码方法结合使用。例如，JPEG 中综合使用了行程编码以及哈夫曼编码。简单的 RLE 编码过程可以通过如下代码实现，该代码对文本进行简单的 RLE 编码。

```
def encode(string):
    if string == '':
        return ''
```

```
    i = 0
    count = 0
    letter = string[i]
    rle = []
    while i <= len(string) - 1:
        while string[i] == letter:
            i += 1
            count += 1
            if i > len(string) - 1:
                break
        if count == 1:
            rle.append('{0}'.format(letter))
        else:
            rle.append('{0}{1}'.format(count, letter))
        if i > len(string) - 1:
            break
        letter = string[i]
        count = 0
    final = ''.join(rle)
    return final
```

对应的解码过程代码如下。

```
def decode(string):
    if string == '':
        return ''
    multiplier = 1
    count = 0
    rle_decoding = []
    rle_encoding = re.findall(r'[A-Za-z]|-?\d+\.\d+|\d+|[\w\s]', string)
    for item in rle_encoding:
        if item.isdigit():
            multiplier = int(item)
        elif item.isalpha() or item.isspace():
            while count < multiplier:
                rle_decoding.append('{0}'.format(item))
                count += 1
            multiplier = 1
            count = 0
    return (''.join(rle_decoding))
```

6.2.4 LZW 编码

LZW 是无损压缩中的一种。该算法通过建立编译表，实现字符重用与编码，适用于信源中重复率很高的数据压缩，是由 Lemple 和 Ziv 提出，然后由 Welch 充实的有专利保护的 LZW 算法。LZW 压缩有 3 个重要的对象：数据流（CharStream）、编码流（CodeStream）和编译表（String Table）。编码时，数据流是输入对象（文本文件的数据序列），编码流就是输出对象（经过压缩运算的编码数据）；解码时，编码流是输入对象，数据流是输出对象；而编译表是编码和解码时都需要借助的对象。LZW 压缩算法的基本原理：提取原始文本文件数据中的不同字符，基于这些字符创建一个编译表，然后用编译表中的字符的索引替代原始文本文件数据中的相应字符，减少原始数据大小。注意，编译表不是事先创建好的，而是根据原始文件数据动态创建的，解码时还要从已编码的数据中还原出原来的编译表。

LZW 算法基于编译表（字典）T，将输入字符串映射成定长（通常为 12 位）的码字。在 12 位 4096 种可能的代码中，256 个代表单字符，剩下 3840 个给出现的字符串。其编码过程可以看作是一个查表的过程，如果表中有匹配的字符串，则输出该字符串数据在表中的位置索引，否则将该字符串插入表中，并给出索引位置。

LZW 的基本概念如下。

字符（Character）：最基础的数据元素，在文本文件中就是一个字节，在光栅数据中就是一个像素的颜色在指定的颜色列表中的索引值。

字符串（String）：由几个连续的字符组成。

前缀（Prefix）：也是一个字符串，通常用在另一个字符的前面，而且它的长度可以为 0。

根（Root）：一个长度的字符串。

编码（Code）：一个数字，按照固定长度（编码长度）从编码流中取出，编译表的映射值。

图案：一个字符串，按不定长度从数据流中读出，映射到编译表条目。

LZW 算法的步骤如下。

（1）将编译表初始化为包含所有可能单字字符，当前前缀 P 初始化为空。

（2）当前字符 C:=字符流中的下一个字符。

（3）判断 $P+C$ 是否在编译表中，

若在，则用 C 扩展 P，即 $P:=P+C$

若不在，则输出当前前缀 P 对应的码字，并将 $P+C$ 添加到编译表中，并令 $P:=C$。

（4）判断码字流中是否还有码字要译。如果是，则返回步骤（2），如果否，则将代表当前前缀 P 的码字输出到码字流，之后结束。

下面通过一个示例对 LZW 编码进行演示。假设有表 6-2 所示的输入数据流。

表 6-2 输入数据流

位置	字符	位置	字符	位置	字符
1	A	4	A	7	B
2	B	5	B	8	A
3	B	6	A	9	C

其 LZW 编码过程见表 6-3。

表 6-3　LZW 编码过程

步骤	位置	码字	编译表	输出
		1	A	
		2	B	
		3	C	
1	1	4	AB	1
2	2	5	BB	2
3	3	6	BA	2
4	4	7	ABA	4
5	6	8	$ABAC$	7
6				3

针对该编码过程的仿真实验代码如下。

```python
string = "abbababac"
dictionary={'a':1,'b':2,'c':3}
last = 4
p = ""
result = []
for c in string:
    pc = p + c
    if pc in dictionary:
        p = pc
    else:
        result.append(dictionary[p])
        dictionary[pc] = last
        last += 1
        p = c
if p != '':
    result.append(dictionary[p])
print(result)
```

6.3　预测编码

　　预测编码数据压缩技术建立在信号数据的相关性上，它根据某一模型利用以前的样本值对新样本进行预测，以此减少数据在时间和空间上的相关性，从而达到压缩数据的目的。预测编码的基本思想是：通过对每个像素中新增信息进行提取和编码，以此消除像素间的冗余，这里新增信息是指像素当前实际值和预测值的差。也就是说，如果已知图像一个像素离散幅度的真实值，利用其相邻像素的相关性，预测它的可能数值。预测编码算法是一种设备简单、质量较佳的高效编码方法。主要包括两种：一种是 DM（Delta Modulation）编码方法；另一种是 DPCM（Differential Pulse Code Modulation）编码方法。预测编码属于有损编码。

预测编码算法基本原理如图 6-13 所示。

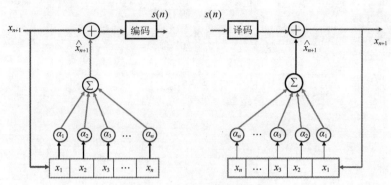

图 6-13 预测编码算法基本原理

假设一个均值为 0，方差为 δ 的平稳信号 $X(t)$ 在时刻 $t_0, t_1, \cdots, t_n$ 进行采样，对应采样值序列表示为 $x_0, x_1, \cdots, x_n$。在编码过程中假设下一个采样值为 x_{n+1}，根据前面 n 个采样值，可以得到 x_{n+1} 的预测值 $\hat{x}_{n+1} = \alpha_1 x_1 + \alpha_2 x_2 + \cdots + \alpha_n x_n$，其中 $\alpha_1, \alpha_2, \cdots, \alpha_n$ 是预测参数。$e_{n+1} = x_{n+1} - \hat{x}_{n+1}$ 表示预测值与真实采样值的差异。预测编码的本质在于对 e_i 进行编码，而非对原始采样样本进行编码。

一般情况下使用线性预测器。线性预测的关键在于预测系数 α 的求解预测误差信号是一个随机变量，它的均方误差为 δ^2，其中 $\sigma_{n+1}^2 = E[(x_{n+1} - \hat{x}_{n+1})^2]$，通常把均方误差最小的预测值称为最佳预测，此时应满足如下等式：

$$\frac{\partial E[(x_{n+1} - \hat{x}_{n+1})^2]}{\partial \alpha_j} = 0$$

$$j = 1, 2, \cdots, n$$

进一步求解，可得：

$$\frac{\partial E[(x_{n+1} - \hat{x}_{n+1})^2]}{\partial \alpha_j}$$

$$= \frac{\partial E\left\{[x_{n+1} - (\alpha_1 x_1 + \alpha_2 x_2 + \cdots + \alpha_n x_n)]^2\right\}}{\partial \alpha_j} \tag{6-1}$$

$$= -2E\left\{[x_{n+1} - (\alpha_1 x_1 + \alpha_2 x_2 + \cdots + \alpha_n x_n)]x_j\right\}$$

令式（6-1）为 0，得：

$$E\left\{[x_{n+1} - (\alpha_1 x_1 + \alpha_2 x_2 + \cdots + \alpha_n x_n)]x_j\right\} = 0 \tag{6-2}$$

将任意两个像素的协方差定义为 $R_{ij} = E[x_i x_j]$，则式（6-2）可以简化为式（6-3）。

$$E[x_{n+1} x_j - \alpha_1 x_1 x_j - \alpha_2 x_2 x_j - \cdots - a_n x_n x_j] = 0 \tag{6-3}$$

可得行列式（6-4）。

$$\begin{cases} R_{n+1,1} = \alpha_1 R_{11} + \alpha_2 R_{22} + \cdots + \alpha_n R_{n1} \\ R_{n+1,2} = \alpha_1 R_{12} + \alpha_2 R_{22} + \cdots + \alpha_n R_{n2} \\ \cdots\cdots \\ R_{n+1,n} = \alpha_1 R_{1n} + \alpha_2 R_{2n} + \cdots + \alpha_n R_{nn} \end{cases} \tag{6-4}$$

这是一个 n 阶线性联立方程组，当协方差 R_{ij} 都已知时，各个预测参数 α_i 是可以解出来的。

6.3.1 DM 编码

DM（Delta Modulation）编码是一种比较简单的有损预测编码方法，当前时刻预测值 $\hat{x}_n$ 通过上一时刻的重建信号 $\dot{x}_{n-1}$ 得出，即 $\hat{x}_n = \alpha_{n-1}\dot{x}_{n-1}$，其中 α_{n-1} 是预测参数。根据差异 e_n 的正负，简单地将差异量化到两个级别。

$$\dot{e}_n = \begin{cases} \zeta & e(n) \geqslant 0 \\ -\zeta & \text{其他} \end{cases}$$

这样就给出了某个时刻对应符号的预测编码。下面通过一个示例演示 DM 编码。

考虑如下像素序列：33 35 34 36 35

假设对于所有像素预测参数 $\alpha_i = 1$，参数 $\zeta = 4.5$，则对应 DM 量化过程见表 6-4，其中 $\dot{e}$ 表示因为量化过程引入的误差。

表 6-4 DM 量化过程

输入		编码器				解码器		误差
编号	x	$\hat{x}$	e	$\dot{e}$	$\dot{x}$	$\hat{x}$	$\dot{x}$	$x - \dot{x}$
1	33				33		33	0
2	35	33	2	4.5	37.5	33	37.5	-2.5
3	34	37.5	-3.5	-4.5	33	37.5	33	1
4	36	33	3	4.5	37.5	33	37.5	-1.5
5	35	37.5	-2.5	-4.5	33	37.5	33	2

这样就可以将序列编码为初始值为 33 的 1010 序列。DM 过程引入了量化，造成量化误差，使得 DM 编码是有损压缩。

6.3.2 DPCM 编码

模拟量到数字量的转换过程是脉冲编码调制过程（Pulse Code Modulation，PCM），也称 PCM 编码。对于图像而言，直接以 PCM 编码，存储量很大。预测编码可以利用相邻像素之间的相关性，用前面已出现的像素值估计当前像素值，对实际值与估计值的差值进行编码。常用的一种线性预测编码方法是差分脉冲编码调制（Differential Pulse Code Modulation，DPCM）。

线性预测形式如图 6-14 所示。

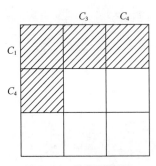

图 6-14 线性预测形式

$$\hat{s}(n_1,n_2)=c_1 s(n_1-1,n_2-1)+c_2 s(n_1-1,n_2)+c_3 s(n_1-1,n_2+1)+c_4 s(n_1,n_2-1)$$

其中 c_1, c_2, c_3, c_4 表示预测参数, $\hat{s}(n_1,n_2)$ 表示目标位置的预测像素值。

最佳线性预测选择系数使均方误差最小:

$$\min_{c_1,c_2,c_3,c_4} E\left[(s-\hat{s})^{\mathrm{T}}(s-\hat{s})\right]$$

最优解是如下方程的解:

$$\boldsymbol{\phi}=\boldsymbol{\Phi}c$$

其中 $\boldsymbol{\phi}=\left[R_s(1,1)\ R_s(0,1)\ R_s(1,-1)\ R_s(0,1)\right]^{\mathrm{T}}$

$$\boldsymbol{\Phi}=\begin{bmatrix} R_s(0,0) & R_s(0,1) & R_s(0,2) & R_s(1,0) \\ R_s(0,-1) & R_s(0,0) & R_s(0,1) & R_s(1,-1) \\ R_s(0,-2) & R_s(0,-1) & R_s(0,0) & R_s(1,-2) \\ R_s(-1,0) & R_s(-1,1) & R_s(-1,2) & R_s(0,0) \end{bmatrix}$$

而 $R_s(i,j)$ 是图像的自相关系数, 定义如下:

$$R_s(i,j)=E[s(n_1,n_2)s(n_1-i,n_2-j)]$$
$$\approx \frac{1}{N}\sum_{n_1,n_2} s(n_1,n_2)s(n_1-i,n_2-j)$$

最后求解得到最佳系数:

$$c=\boldsymbol{\Phi}^{-1}\boldsymbol{\phi}$$

DPCM 编码的基本步骤为:

(1)读取待压缩图像;

(2)计算预测器产生的误差;

(3)量化误差。

解码器流程:

(1)接收数据的量化误差;

(2)计算样本的预测值;

(3)将误差加到预测值中。

```python
import numpy as np
from skimage import data
from skimage import transform
from matplotlib import pyplot as plt
def quantize_error(error,level):
    max=255
    min=-255
    q=(max-min)/level
    i=1
    while(error>=min+q*i):
        i=i+1
    quantized_error=min+q*(i-1)+q/2
    return  quantized_error
def DPCM_encoder(img,level):
```

```
        N=img.shape[0]
        predictor=np.zeros(shape=(N,N))

        quantized_error=np.zeros(shape=(N,N))
        for i in range(N):
            for j in range(N):
                if i==0:
                    if j==0:
                        predicted=0
                    else:
                        predicted=0.95*predictor[i,j-1]
                else:
        predicted=0.95*predictor[i-1,j]+0.95*predictor[i,j-1]-0.95**2*
predictor[i-1,j-1]
                error=img[i,j]-predicted
                quantized_error[i,j]=quantize_error(error,level)
                predictor[i,j]=predicted+quantized_error[i,j]

            for j in range(i,N):
                if i==0:
                    predicted = 0.95 * predictor[j - 1, i]
                else:
        predicted=0.95*predictor[j-1,i]+0.95*predictor[j,i-1]-0.95**2*
predictor[j-1,i-1]
                error=img[j,i]-predicted
                quantized_error[j,i]=quantize_error(error,level)
                predictor[j,i]=predicted+quantized_error[j,i]
        return quantized_error

    def DPCM_decoder(error):
        N=error.shape[0]
        img=np.zeros(shape=(N,N))
        predictor=np.zeros(shape=(N,N))
        for i in range(N):
            for j in range(N):
                if i==0:
                    if j==0:
                        predicted=0
                    else:
```

```
                    predicted=0.95*predictor[i,j-1]
                else:
                 predicted=0.95*predictor[i-1,j]+0.95*predictor
[i,j-1]-0.95**2*predictor[i-1,j-1]
                img[i,j]=predicted+error[i,j]
                predictor[i,j]=predicted+error[i,j]
        return img
    if __name__ == '__main__':
        levels=8
        img=data.coffee()
    img=transform.resize(img,(img.shape[0],img.shape[0],3),
preserve_range=True)
        plt.imshow(img)
        plt.show()
        img_r=img[:,:,0]
        encoded_img_r=DPCM_encoder(img_r,levels)
        decoded_img_r=DPCM_decoder(encoded_img_r)
    decoded_img_r=decoded_img_r.reshape((decoded_img_r.shape[0],
decoded_img_r.shape[1],1))
        img_g = img[:, :, 1]
        encoded_img_g = DPCM_encoder(img_g, levels)
        decoded_img_g = DPCM_decoder(encoded_img_g)
        decoded_img_g = decoded_img_g.reshape((decoded_img_g.
shape[0],decoded_img_g.shape[1],1))
        img_b = img[:, :, 2]
        encoded_img_b = DPCM_encoder(img_b, levels)
        decoded_img_b = DPCM_decoder(encoded_img_b)
        decoded_img_b = decoded_img_b.reshape((decoded_img_b.
shape[0],decoded_img_b.shape[1],1))
    decoded_img=np.concatenate([decoded_img_r,decoded_img_g,
decoded_img_b],2)
        plt.imshow(decoded_img)
        plt.show()
```

6.4 变换编码

变换编码不是直接对空域图像信号进行编码，而是首先将空域图像信号映射变换到另一个正交矢量空间（变换域或频域），产生一批变换系数，然后对这些变换系数进行编码处理。变换编码是一种间接编码方法，其中关键问题是在时域或空域描述时，数据之间相关性大，数据冗余度大，经过变换在变换域中描述，数据相关性大大减少，数据冗余量减少，参数独立，数据量少，这样再进行量化，编码就能得到较大的压缩比。典型的准最佳变换有 DCT（离散余弦变换）、DFT（离散傅里叶变换）、WHT（Walsh Hadama 变换）、HrT（Haar 变换）等。其中最常用的是离散余弦变换。

变换是变换编码的核心。理论上，最理想的变换应使信号在变换域中的样本相互统计独立。实际上，一般不可能找到能产生统计独立样本的可逆变换，人们只能退而要求信号在变换域中的样本相互线性无关。满足这一要求的变换称为最佳变换。"K-L 变换"是符合这一要求的一种线性正交变换，并将其性能作为一种标准，用以比较其他变换的性能。K-L 变换中的基函数是由信号的相关函数决定的。对平稳过程，当变换的区间 T 趋于无穷时，它趋于复指数函数。

变换编码中实用的变换，不但希望能有最佳变换的性能，而且要有快速的算法。而卡—洛变换不存在快速算法，所以在实际的变换编码中不得不大量使用各种性能上接近最佳变换，同时又有快速算法的正交变换。正交变换可分为非正弦类和正弦类。非正弦类变换以沃尔什变换、哈尔变换、斜变换等为代表，其优点是实现时计算量小，但它们的基矢量很少能反映物理信号的机理和结构本质，变换的效果不甚理想。而正弦类变换以离散傅里叶变换、离散正弦变换、离散余弦变换等为代表，其最大优点是具有趋于最佳变换的渐近性质。例如，离散正弦变换和离散余弦变换已被证明是在一阶马氏过程下 K-L 变换的几种特例。由于这一原因，正弦类变换已日益受到人们的重视。

变换编码虽然实现时比较复杂，但在分组编码中还是比较简单的，所以在语音和图像信号的压缩中都有应用。国际上已经提出的静止图像压缩和活动图像压缩的标准中都使用了离散余弦变换编码技术。基于变换编码的图像压缩和解压过程如图 6-15 所示。

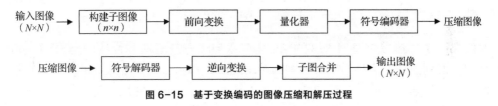

图 6-15　基于变换编码的图像压缩和解压过程

6.4.1　K-L 变换

K-L 变换又称 Hotelling 变换，特征向量变换或主分量方法。K-L 变换可使原来多波段图像经变换后提供出一组不相关的图像变量，最前面的主分量具有较大的方差，包含了原始影像的主要信息，所以要集中表达信息，突出图像的某些细部特征，可采用主分量变换完成。K-L 变换是图像压缩中的一种最优正交变换。

K-L 变换的突出优点是去相关性好，它根据具体的图像统计特性决定它的变换矩阵，对图像有最好的匹配效果，能将信号在变换域的相关性全部解除，是最小均方误差下的最佳变换。

K-L 变换的主要思想：①目的是寻找任意统计分布的数据集合主要分量的子集。②基向量满足相互正交性，且由它定义的空间最优地考虑了数据的相关性。③将原始数据集合变换到主分量空间，使单一数据样本的互相关性（cross-correlation）降低到最低点。

K-L 变换的第一个相关概念是特征值。对于一个 $N \times N$ 的矩阵 A，有 N 个标量

λ_k, $k=1,\cdots,N$，满足 $|A-\lambda_k I|=0$，其中 I 为单位矩阵，则称 λ_k 为矩阵的一组特征值。如果给定的矩阵是奇异的，那么 N 个特征值中至少有一个为 0。矩阵的秩定义为矩阵非零特征值的个数。矩阵的条件数定义为最大特征值和最小特征值的比值的绝对值。病态矩阵是指条件数很大的矩阵。

如：

$$A = \begin{bmatrix} 1 & 2 \\ 2 & 1 \end{bmatrix}$$

$$\begin{vmatrix} 1-\lambda & 2 \\ 2 & 1-\lambda \end{vmatrix} = (1-\lambda)^2 - 4 = 0$$

$$\lambda_1 = -1$$

$$\lambda_2 = 3$$

通常做法是将特征值降序排列。

K-L 变换的另外一个概念是特征向量。满足 $A v_k = \lambda_k v_k$ 的 $N\times1$ 向量 v_k 称为矩阵 A 的特征向量。求特征向量的方法是解线性方程组 $(A-\lambda_k)V=0$，其中 V 是由特征向量 v_k 组成的特征向量矩阵。

如：

$$A = \begin{bmatrix} 1 & 2 \\ 2 & 1 \end{bmatrix}$$

求 A 的特征向量。

$$\lambda_1 = -1, \quad \begin{bmatrix} 2 & 2 \\ 2 & 2 \end{bmatrix} v_1 = 0, \quad v_1 = \begin{bmatrix} 1 \\ -1 \end{bmatrix}$$

$$\lambda_2 = 3, \quad \begin{bmatrix} -2 & 2 \\ 2 & -2 \end{bmatrix} v_2 = 0, \quad v_2 = \begin{bmatrix} 1 \\ 1 \end{bmatrix}$$

对图像的 K-L 变换就是对 8×8 的图像矩阵求自协方差矩阵，对自协方差矩阵进行特征值分解，得到由特征值从小到大排列的对角矩阵，和由特征向量组成的矩阵，特征矩阵与图像矩阵做乘法，称为正交变换，即 K-L 变换，得到的新的矩阵每一行称为一个新的变量，其中第一行几乎包含了总方差 80% 以上的信息，其余行包含的信息依次减少，新矩阵每个元素之间是不相关的，因而 K-L 变换去掉了变量之间的相关性。

K-L 变换是对向量 x 做的一个正交变换 $y=\Phi x$，目的是变换到 y 后去除数据相关性。其中，Φ 是 x 特征向量组成的矩阵，满足 $\Phi^T\Phi=I$，当 x 都是实数时，Φ 是正交矩阵。

用 m_y 表示向量 y 的平均值，y 的协方差矩阵记为 $\sum y$，通过变换 $y=\Phi x$，得到：

$$\begin{aligned} \sum{}_y &= E(yy^T) - m_y m_y^T = E[(\Phi^T x)(\Phi^T x)^T] - (\Phi^T m_x)(\Phi^T m_x)^T \\ &= E[\Phi^T(xx^T)\Phi] - \Phi^T m_x m_x^T \Phi = \Phi^T [E(xx^T) - m_x m_x^T]\Phi \\ &= \Phi^T \sum_x \Phi = \mathrm{diag}(\lambda_0, \lambda_1, \cdots, \lambda_{N-1}) \end{aligned}$$

写成矩阵形式：

$$\sum{}_y = \begin{bmatrix} \cdots & \cdots & \cdots \\ \cdots & \sigma_{ij} & \cdots \\ \cdots & \cdots & \cdots \end{bmatrix} = \Phi^T \sum_x \Phi = \begin{bmatrix} \lambda_0 & 0 & \cdots & 0 \\ 0 & \lambda_1 & \cdots & 0 \\ \cdots & \cdots & & \cdots \\ 0 & 0 & \cdots & \lambda_{N-1} \end{bmatrix} = \begin{bmatrix} \sigma_0^2 & 0 & 0 & 0 \\ 0 & \sigma_1^2 & \cdots & 0 \\ \cdots & \cdots & & \cdots \\ 0 & 0 & \cdots & \sigma_{N-1}^2 \end{bmatrix}$$

可见，K-L 变换之后，$\sum y$ 成为对角矩阵，也就是对于任意 $i \neq j$，有 $\mathrm{cov}(y_i, y_j) = 0$，当 $i = j$ 时，有 $\mathrm{cov}(y_i, y_j) = \lambda_i$，因此利用 K-L 变换去除了数据相关性。而且 y_i 的方差与 x 协方差矩阵的第 i 个特征值相等，即 $\sigma_i^2 = \lambda_i$。

6.4.2 离散余弦变换

离散余弦变换（DCT），经常被信号处理和图像处理使用，用于对信号和图像（包括静止图像和运动图像）进行有损数据压缩。这是由于离散余弦变换具有很强的"能量集中"特性：大多数的自然信号（包括声音和图像）的能量都集中在离散余弦变换后的低频部分，而且当信号具有接近马尔可夫过程的统计特性时，离散余弦变换的去相关性接近于 K-L 变换的性能。

利用 DCT 压缩图像数据，主要是根据图像信号在频域的统计特性。在空域看来，图像内容千差万别；但在频域上，经过对大量图像的统计分析发现，图像经过 DCT 后，其频率系数的主要成分集中于比较小的范围，且主要位于低频部分。利用 DCT 揭示出这种规律后，可以再采取一些措施把频谱中能量较小的部分舍弃，尽量保留传输频谱中主要的频率分量，就能够达到压缩图像数据的目的。

DCT 编码属于正交变换编码方式，用于去除图像数据的空间冗余。变换编码就是将图像光强矩阵（时域信号）变换到系数空间（频域信号）上进行处理的方法。在空间上具有强相关的信号，反映在频域上是在某些特定的区域内能量常常被集中在一起，或者是系数矩阵的分布具有某些规律。可以利用这些规律在频域上减少量化比特数，达到压缩的目的。图像经 DCT 后，DCT 系数之间的相关性会变小。而且大部分能量都集中在少数系数上，因此 DCT 在图像压缩中非常有用，是有损图像压缩国际标准 JPEG 的核心。从原理上讲，可以对整幅图像进行 DCT，但由于图像各部位上细节的丰富程度不同，这种整体处理的方式效果不好。为此，发送者首先将输入图像分解为 8×8 或 16×16 的块，然后再对每个图像块进行二维 DCT，接着对 DCT 系数进行量化、编码和传输；接收者通过对量化的 DCT 系数进行解码，并对每个图像块进行二维 DCT 逆变换。最后将操作完成后所有的块拼接起来构成一幅单一的图像。对于一般的图像而言，大多数 DCT 系数值都接近 0，所以去掉这些系数不会对重建图像的质量产生较大的影响。因此，利用 DCT 进行图像压缩确实可以节约大量的存储空间。DCT 编码原理如图 6-16 所示。

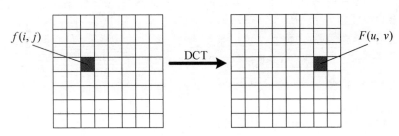

图 6-16　DCT 编码原理

在编码过程中，首先将输入图像颜色空间转换后分解为 8×8 大小的数据块，然后用正向二维 DCT 把每个块转变成 64 个 DCT 系数值，其中 1 个数值是直流（DC）系数，即 8×8 空域图像子块的平均值，其余的 63 个是交流（AC）系数，接下来对 DCT 系数进行量化，量化过程实际上就是对 DCT 系数的一个优化过程，它利用人眼对高频部分不敏感的特性实现数据的大幅简化。量化过程实际上是简单地用频域上的每个成分除以一个对于该成分的常数，且接着四舍五入取最接近的整数。这是整个过程中的主要有损运算。量化是图像质量下降的最主要原因。量化后的数据一个很大的特点是直流分量相对于交流分量要大，而且交流分量中含有大量的 0。

将量化后的系数进行"Z"字形编排，这样做的特点是会连续出现多个 0，即充分利用相邻两图像块的特性再次简化数据，从而再更大程度地进行压缩。最后将变换得到的量化的 DCT 系数进行编码和传送，这样就完成了图像的压缩过程。

在解码过程中，形成压缩后的图像格式，先对已编码的量化的 DCT 系数进行解码，然后求逆量化，并把 DCT 系数转化为 8×8 样本图像块（使用二维 DCT 逆变换），最后将操作完成后的块组合成一个单一的图像，这样就完成了图像的解压过程。

一个 $N \times N$ 块 $f(x, y)$ 的二维 DCT，$F(u, v)$ 的定义如下。

$$F(u,v) = \frac{2}{N} C(u) C(v) \sum_{x=0}^{N-1} \sum_{y=0}^{N-1} \cos\left[\frac{\pi(2x+1)u}{2N}\right] f(x,y) \cos\left[\frac{\pi(2y+1)v}{2N}\right]$$

对应的 $N \times N$ 块的二维 IDCT 为

$$f(x,y) = \frac{2}{N} \sum_{u=0}^{N-1} \sum_{v=0}^{N-1} C(u) C(v) \cos\left[\frac{\pi(2x+1)u}{2N}\right] F(u,v) \cos\left[\frac{\pi(2y+1)v}{2N}\right]$$

式中，空域的 x、y，频域的 u、v 取值集合均为 $\{0, 1, \cdots, N-1\}$，其中：

$$C(u), C(v) = \begin{cases} \dfrac{1}{\sqrt{2}} & u, v = 0 \\ 1 & 其他 \end{cases}$$

将离散余弦变换写为矩阵形式为：

$$\boldsymbol{F} = \boldsymbol{C}_N \boldsymbol{f} \boldsymbol{C}_N^{\mathrm{T}}$$
$$\boldsymbol{f} = \boldsymbol{C}_N^{\mathrm{T}} \boldsymbol{F} \boldsymbol{C}_N$$

其中，$\boldsymbol{C}_N$ 为 $N \times N$ 的正交变换矩阵，$\boldsymbol{f}$ 为 $N \times N$ 的原图像块，$\boldsymbol{F}$ 为 $N \times N$ 的变换域图像块。

DCT 实现代码如下。

```python
from math import cos, pi, sqrt
import numpy as np
from skimage import data
from matplotlib import pyplot as plt
def dct_2d(image, numberCoefficients=0):
    nc = numberCoefficients
    height = image.shape[0]
    width = image.shape[1]
    imageRow = np.zeros_like(image).astype(float)
    imageCol = np.zeros_like(image).astype(float)
    for h in range(height):
        imageRow[h, :] = dct_1d(image[h, :], nc)
```

```
            for w in range(width):
                imageCol[:, w] = dct_1d(imageRow[:, w], nc)
            return imageCol
        def dct_1d(image, numberCoefficients=0):
            nc = numberCoefficients
            n = len(image)
            newImage = np.zeros_like(image).astype(float)
            for k in range(n):
                sum = 0
                for i in range(n):
                    sum += image[i] * cos(2 * pi * k / (2.0 * n) * i +
(k * pi) / (2.0 * n))
                ck = sqrt(0.5) if k == 0 else 1
                newImage[k] = sqrt(2.0 / n) * ck * sum
            if nc > 0:
                newImage.sort()
                for i in range(nc, n):
                    newImage[i] = 0
            return newImage
        def idct_2d(image):
            height = image.shape[0]
            width = image.shape[1]
            imageRow = np.zeros_like(image).astype(float)
            imageCol = np.zeros_like(image).astype(float)
            for h in range(height):
                imageRow[h, :] = idct_1d(image[h, :])
            for w in range(width):
                imageCol[:, w] = idct_1d(imageRow[:, w])
            return imageCol
        def idct_1d(image):
            n = len(image)
            newImage = np.zeros_like(image).astype(float)
            for i in range(n):
                sum = 0
                for k in range(n):
                    ck = sqrt(0.5) if k == 0 else 1
                    sum += ck * image[k] * cos(2 * pi * k / (2.0 * n) *
i + (k * pi) / (2.0 * n))
                newImage[i] = sqrt(2.0 / n) * sum
```

```
        return newImage
    if __name__ == '__main__':
        image=data.coffee()
        numberCoefficients=10
        imgResult = dct_2d(image, numberCoefficients)
        idct_img = idct_2d(imgResult)
        plt.subplot(1,3,1)
        plt.imshow(image)
        plt.subplot(1,3,2)
        plt.imshow(imgResult)
        plt.subplot(1,3,3)
        plt.imshow(idct_img)
        plt.show()
```

对 DCT 总结如下。

（1）分块：在对输入图像进行 DCT 前，需要将图像分成子块。

（2）变换：对每个块的每行进行 DCT，然后对每列进行变换，得到的是一个变换系数矩阵。

（3）(0,0)位置的元素就是直流分量，矩阵中的其他元素根据其位置，表示不同频率的交流分量。

DCT 正变换为：

$$F = C^{\mathrm{T}} f C$$

DCT 逆变换为：

$$f = CFC^{\mathrm{T}}$$

其中，

$$C = \sqrt{\frac{2}{N}} \begin{bmatrix} \sqrt{\dfrac{1}{2}} & \sqrt{\dfrac{1}{2}} & \cdots & \sqrt{\dfrac{1}{2}} \\ \cos\dfrac{1}{2N}\pi & \cos\dfrac{3}{2N}\pi & \ldots & \cos\dfrac{2N-1}{2N}\pi \\ \vdots & \vdots & & \vdots \\ \cos\dfrac{N-1}{2N}\pi & \cos\dfrac{3(N-1)}{2N}\pi & \ldots & \cos\dfrac{(2N-1)(N-1)}{2N}\pi \end{bmatrix}$$

且 C 是一个正交矩阵，即 $CC^{\mathrm{T}} = E$ ，其中 E 是单位矩阵。

例：一幅 4×4 的图像用如下矩阵表示：

$$f(x,y) = \begin{bmatrix} 1 & 1 & 1 & 1 \\ 1 & 0 & 0 & 1 \\ 1 & 0 & 0 & 1 \\ 1 & 1 & 1 & 1 \end{bmatrix}$$

N=4,

$$C = \sqrt{\frac{1}{2}} \begin{bmatrix} \sqrt{\frac{1}{2}} & \sqrt{\frac{1}{2}} & \sqrt{\frac{1}{2}} & \sqrt{\frac{1}{2}} \\ \cos\frac{\pi}{8} & \cos\frac{3\pi}{8} & \cos\frac{5\pi}{8} & \cos\frac{7\pi}{8} \\ \cos\frac{2\pi}{8} & \cos\frac{6\pi}{8} & \cos\frac{10\pi}{8} & \cos\frac{14\pi}{8} \\ \cos\frac{3\pi}{8} & \cos\frac{9\pi}{8} & \cos\frac{15\pi}{8} & \cos\frac{21\pi}{8} \end{bmatrix}$$

求矩阵对应离散余弦变换 $F(u,v)$。

解：

$$F(u,v) = C^T f C$$

$$= \begin{bmatrix} 0.5 & 0.635 & 0.5 & 0.270 \\ 0.5 & 0.271 & -0.5 & -0.653 \\ 0.5 & -0.271 & -0.5 & 0.653 \\ 0.5 & -0.653 & 0.5 & -0.271 \end{bmatrix} \begin{bmatrix} 1 & 1 & 1 & 1 \\ 1 & 0 & 0 & 1 \\ 1 & 0 & 0 & 1 \\ 1 & 1 & 1 & 1 \end{bmatrix} \begin{bmatrix} 0.5 & 0.5 & 0.5 & 0.5 \\ 0.653 & 0.271 & -0.271 & -0.653 \\ 0.5 & -0.5 & -0.5 & 0.5 \\ 0.270 & -0.653 & 0.653 & -0.271 \end{bmatrix}$$

$$= \begin{bmatrix} 2.368 & -0.471 & 1.624 & 0.323 \\ -0.471 & 0.094 & 0.323 & -0.064 \\ 1.624 & 0.323 & 0.449 & 0.089 \\ 0.323 & -0.641 & -0.089 & -0.018 \end{bmatrix}$$

读者可以尝试求其逆变换，得出解压后的图像。

离散余弦变换具有信息强度集中的特点。图像进行 DCT 后，在频域中矩阵左上角低频的幅值大，而右下角高频幅值小，经过量化处理后产生大量的零值系数，编码时可以压缩数据，因此 DCT 被广泛用于视频编码图像压缩。

6.5 JPEG 编码

JPEG 的全称为 Joint Picture Expert Group，是由 ISO（国际标准化组织）和 CCITT（国际电报电话咨询委员会）联合成立的专家组负责制定静态图像（彩色与灰度图像）的压缩算法。

该编码方案定义了 3 种编码系统：①基于 DCT 的有损编码基本系统，可用于绝大多数压缩应用场合；②用于高压缩比、高精确度或渐进重建应用的扩展编码系统；③用于无失真应用场合的无损系统。

JPEG 的压缩过程如图 6-17 所示。

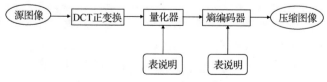

图 6-17　JPEG 的压缩过程

具体步骤如下。

（1）先把整个图像分解成多个 8×8 的图像块。

（2）8×8 的图像块经过 DCT 后，低频分量都集中在左上角，高频分量则分布在右下角（DCT 类似于低通滤波器），因为低频分量包含了图像的主要信息，所以可以忽略高频分量，达到压缩的目的。一般要将二维 DCT 变成一维 DCT，如图 6-18 所示。

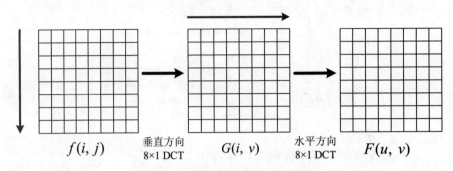

图 6-18　JPEG 标准中的 DCT 过程

（3）使用量化操作去掉高频分量，量化操作就是将某一个值除以量化表中的对应值。由于量化表中左上角的值较小，而右下角的值较大，这样可达到保持低频分量，抑制高频分量的目的。对 FDCT（正向离散余弦变换）后的（频率的）系数进行量化，其目的是降低非"0"系数的幅度以及增加"0"值系数的数目。量化可用如图 6-19 所示的量化器。

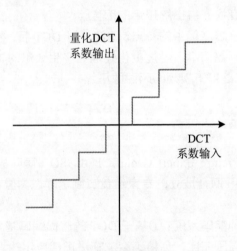

图 6-19　量化器示意

$$\widehat{F}(u,v) = \mathrm{round}\left[\frac{F(u,v)}{Q(u,v)}\right]$$

（4）在左上角的低频分量中，$F(0,0)$ 代表直流（DC）系数，即 8×8 子块的平均值。由于两个相邻图像块的 DC 系数相差很小，所以采用 DPCM，其他 63 个元素是交流（AC）系数，采用之字型（zig-zag）顺序进行行程编码，使系数为 0 的值更集中。系数行程编码过程如图 6-20 所示。

（5）得到 DC 码字和 AC 行程码字后，为了进一步提高压缩比，再进行熵编码，可采用哈夫曼编码。

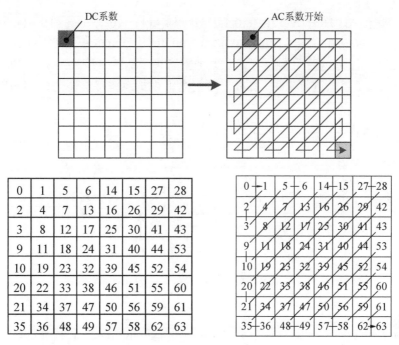

图 6-20　系数行程编码过程

JPEG 压缩编码举例：

假设有一个 8×8 亮度的图像块，在它之前的一个 8×8 图像块计算得到的 DC 系数值为 20，整个编码过程如图 6-21 所示。

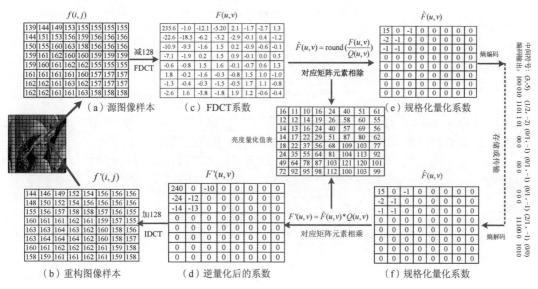

图 6-21　JPEG 整体编码过程

在这个例子中，计算 FDCT 之前对源图像中的每个样本数据减去了 128，在逆向离散余弦变换之后对重构图像中的每个样本数据加了 128。经过 DCT 和量化之后的系数如图 6-21（f）所示。经过 Z 字形排列后的系数为 15，0，–2，–1，–1，–1，0，0，–1，0，…，0。DC 系数和 AC 系数的中间符号以及经过编码后的代码如下所示。

中间符号：(3,-5)　　(1/2,-2)　　(0/1,-1)　　(0/1, -1)　　(0/1,-1)　　(2/1,-1)　　(0/0)

编码输出：100 010　　1101 1 01　　00 0　　　　00 0　　　　00 0　　　　11100 0　　　1010

总结 JPEG 的压缩过程为①使用 FDCT 把空域表示的图变换成频域表示的图；②使用加权函数对 DCT 系数进行量化，加权函数对人的视觉系统是最佳的；③使用哈夫曼编码器对量化系数进行编码。

JPEG 标准整体框图如图 6-22 所示。

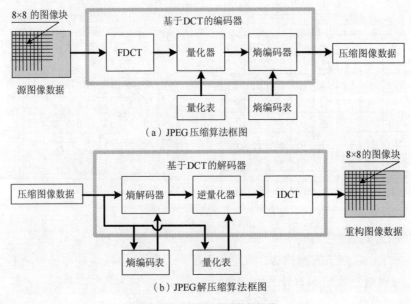

（a）JPEG压缩算法框图

（b）JPEG解压缩算法框图

图 6-22　JPEG 标准整体框图

6.6　小结

本章分别从熵编码、变换编码、预测编码 3 个方面入手讲解了数字图像压缩的相关知识，知识点看似分散，其实是以 JPEG 压缩标准为主线进行讲述的。

6.7　本章练习

1. 使用 Python 实现图像的 K-L 变换。

2. 预测编码能否再进行改进？请给出改进思路。

3. JPEG 是静态图像压缩标准，请自行搜索网络，查找还存在哪些动态图像压缩标准，这些标准使用到本章中讲到的哪些技术？

07
chapter

图像小波变换与多分辨率

小波变换是近年来在图像处理中十分受重视的新技术，面向图像压缩、特征检测以及纹理分析等提出许多新方法，如多分辨率分析、时频域分析、金字塔算法等，最终都属小波变换范畴。

信号分析是为了获得时间和频率之间的相互关系。傅里叶变换提供了有关频域的信息，但有关时间的局部化信息却基本丢失。与傅里叶变换不同，小波变换是通过缩放母小波（Mother Wavelet）的宽度获得信号的频率特征，通过平移母小波获得信号的时间信息。对母小波的缩放和平移操作是为了计算小波系数，这些小波系数反映了小波和局部信号之间的相关程度。

像傅里叶分析一样，小波分析就是把一个信号分解为将母小波经过缩放和平移之后的一系列小波，因此小波是小波变换的基函数。小波变换可以理解为用经过缩放和平移的一系列小波函数代替傅里叶变换的正弦波和余弦波进行傅里叶变换的结果。

小波中的"小"是指在时域具有紧支集或近似紧支集，"波"是指具有正负交替的波动性，直流分量为 0。小波本质上是定义在有限间隔而且其平均值为零的一种函数。与傅里叶变换相比，小波变换是空间（时间）和频率的局部变换，它通过伸缩平移运算对信号逐步进行多尺度细化，最终达到高频处时间细分，低频处频率细分，能自动适应时频信号分析的要求，从而可聚焦到信号的任意细节。小波变换是基于具有变化的频率和有限持续时间的小型波进行的。它是多分辨率理论的分析基础。

本章简要介绍小波的相关基本理论及应用，具体内容包括：7.1 节介绍从傅里叶变换到小波变换，7.2 节介绍一些简单小波示例，7.3 节介绍图像多分辨率，7.4 节介绍图像小波变换。

7.1　从傅里叶变换到小波变换

7.1.1　小波

1．小波的概念

小波是在有限时间范围内变化且其平均值为零的数学函数，具有两个特点：

（1）具有有限的持续时间和突变的频率和振幅；

（2）在有限的时间范围内，它的平均值等于零。

在小波变换中，用小波基函数 $\psi(x)$ 做平移和伸缩变换，得到函数 $\psi(\frac{x-b}{a})$ ，用 $\psi(\frac{x-b}{a})$ 代替傅里叶变换的基函数 e^{jx} 的伸缩函数 $e^{j\omega x}$ ，得到的新变换就称为连续小波变换，具体定义如下。

函数 $\psi(x) \in L^2(\mathbf{R})$ 称为小波函数（又叫基本小波或母小波），如果满足准许条件：

$$C_\psi = \int_{-\infty}^{+\infty} \frac{|\hat{\psi}(\omega)|^2}{|\omega|} \mathrm{d}\omega < \infty$$

其中 $\hat{\psi}(\omega)$ 为 $\psi(\omega)$ 的傅里叶变换，则连续小波变换定义为：

$$(W_\psi f)(a,b) = \frac{1}{\sqrt{|a|}} \int_{-\infty}^{+\infty} f(x)\psi^* \left(\frac{x-b}{a}\right) \mathrm{d}x$$

式中，a、$b \in \mathbf{R}$ 且 $a \neq 0$，a 为缩放因子（对应频率信息）；b 为平移参数（对应时空信息）；$\psi^*(x)$ 表示 $\psi(x)$ 的复共轭。准许条件在 $f(t) \in L^2(\mathbf{R})$ 下可以等价表示为：

$$\int_{-\infty}^{+\infty} \psi(t) \, \mathrm{d}t = 0$$

小波变换结果为各种小波系数，这些系数由尺度和位移函数组成。

2．小波变换

通过小波对一个信号在空间和时间上进行局部化的一种数学变换。通过平移母小波，捕获到信号的时间信息。通过缩放母小波的宽度（或称尺度），捕获到信号的频率特性。对母小波的平移和缩放操作是为计算小波分量的系数，这些系数代表局部信号和小波之间的相互关系，这些参数反映了信号的时间属性和频率属性。

把基小波（母小波）的函数 ψ 作位移后，再在不同尺度下与待分析信号作内积，就可以得到一个小波序列。运用小波基，可以提取信号中的"指定时间"和"指定频率"的变化。

基小波 ψ 需要满足容许条件 $C_\psi = \int_{-\infty}^{+\infty} \frac{|\psi(\omega)|^2}{\omega} d\omega < \infty$，且 $\psi(t) \in L^2(\mathbf{R})$。

傅里叶变换基与小波基的函数图像对比如图 7-1 所示。

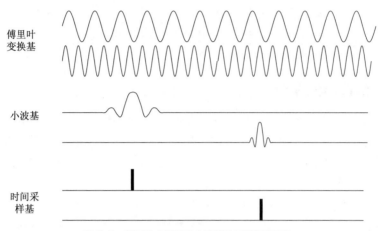

图 7-1　傅里叶变换基和小波基的函数图像对比

离散的情况，小波序列为：

$$\psi_{j,k}(t) = 2^{-j/2} \psi(2^{-j}t - k) \qquad j,k \in \mathbf{z}$$

根据容许条件要求，当 $\omega=0$ 时，为使被积函数是有效值，必须有 $\hat{\psi}(0) = 0$，所以可得到容许条件的等价条件为：$\hat{\psi}(0) = \int_{-\infty}^{\infty} \psi(t)dt = 0$。此式表明 $\psi(t)$ 中不含有直流，只含有交流，即具有震荡性，故称为"波"。为了使 $\psi(t)$ 具有局部性，即在有限的区间外很快衰减为零，还必须加上一个衰减条件：$|\psi(t)| \leq \frac{c}{(1+|t|)^{1+\varepsilon}}$，$\varepsilon > 0$，$c > 0$。

衰减条件要求小波具有局部性，这种局部性称为"小"，所以称为小波。

任意函数 $f(t) \in L^2(\mathbf{R})$ 的连续小波变换定义为：

$$w_f(a,b) = \int_{\mathbf{R}} f(t)\overline{\psi_{a,b}(t)}dt = |a|^{-\frac{1}{2}} \int_{\mathbf{R}} f(t)\overline{\psi\left(\frac{t-b}{a}\right)}dt = <f,\psi_{a,b}> \qquad (7-1)$$

式（7-1）表示小波变换是信号 $f(t)$ 与被缩放和平移的小波函数 ψ 之积在信号存在的整个区间里求和。连续小波变换的结果是小波序列的系数集合 C，这些系数是尺度参量 a 和平移参量 b 的函数。通过这些系数的求解，就可以知道信号中的频率成分分布以及每种频率的位置分布。

3．小波变换逆变换

$$f(t) = \frac{1}{C_\psi} \int_{\mathbf{R}} \int_{\mathbf{R}} \frac{1}{a^2} W_f(a,b)\psi\left(\frac{t-b}{a}\right)dadb \qquad (7-2)$$

连续小波变换具有以下性质。

（1）线性

设　$x(t) = \alpha g(t) + \beta h(t)$，

则 $WT_x(a,b) = \alpha WT_g(a,b) + \beta WT_h(a,b)$。

（2）平移不变性

若 $x(t) \leftrightarrow WT_x(a,b)$，

则 $x(t-\tau) \leftrightarrow WT_x(a,b-\tau)$。

（3）伸缩性

若 $x(t)$ 的连续小波变换是 $WT_x(a,b)$，

则 $x\left(\dfrac{t}{\lambda}\right)$ 的连续小波变换是 $\sqrt{\lambda}WT_x\left(\dfrac{a}{\lambda},\dfrac{b}{\lambda}\right)$。

7.1.2 感性认识小波变换

傅里叶变换一直是信号处理领域中应用最广泛、效果最好的一种分析手段，是时域到频域互相转化的工具。从物理意义上讲，傅里叶变换的实质是把对原函数的研究转化为对其傅里叶变换的研究。但是，傅里叶变换只能提供信号在整个时域上的频率，不能提供信号在某个局部时间段上的频率信息。

傅里叶变换：对于时域的常量函数，在频域将表现为冲击函数，表明具有很好的频域局部化性质。

$$F(\omega) = \int_{-\infty}^{\infty} f(x)e^{jwx}dx$$

$$f(x) = \frac{1}{2\pi}\int_{-\infty}^{\infty} F(\omega)e^{-jwx}d\omega$$

如上傅里叶变换及其逆变换在时间上均表现出全局属性，无法刻画局部信息。下面的代码及其结果也可以说明问题。

```python
import numpy as np
import matplotlib.pyplot as plt
from scipy.fftpack import fft
"""
中文显示工具函数
"""
def set_ch():
    from pylab import mpl
    mpl.rcParams['font.sans-serif']=['FangSong']
    mpl.rcParams['axes.unicode_minus']=False
set_ch()
t = np.linspace(0, 1, 400, endpoint=False)
cond = [t<0.25, (t>=0.25)&(t<0.5), t>=0.5]
f1 = lambda t: np.cos(2*np.pi*10*t)
f2 = lambda t: np.cos(2*np.pi*50*t)
f3 = lambda t: np.cos(2*np.pi*100*t)
y1 = np.piecewise(t, cond, [f1, f2, f3])
```

```
y2 = np.piecewise(t, cond, [f2, f1, f3])
Y1 = abs(fft(y1))
Y2 = abs(fft(y2))
plt.figure(figsize=(12, 9))
plt.subplot(221)
plt.plot(t, y1)
plt.title('信号 1 时间域')
plt.xlabel('时间/s')
plt.subplot(222)
plt.plot(range(400), Y1)
plt.title('信号 1 频率域')
plt.xlabel('频率/Hz')
plt.subplot(223)
plt.plot(t, y2)
plt.title('信号 2 时间域')
plt.xlabel('时间/s')
plt.subplot(224)
plt.plot(range(400), Y2)
plt.title('信号 2 频率域')
plt.xlabel('频率/Hz')
plt.tight_layout()
plt.show()
```

如图 7-2 所示，从时域上看相差很大的两个信号，在频域上却非常相近。无法从傅里叶变换得到的频域里得知某个频率是在哪个时间出现。一个很自然的思路是加窗（短时距傅里叶变换），将长时间信号分成数个较短的等长信号，然后再分别对每个窗进行傅里叶变换，从而得到频率随时间的变化，这就是所谓的短时距傅里叶变换。这个做法的缺陷在于，窗函数越宽，频率的分辨率越好，但时间分辨率越差；反之，当窗函数越窄，时间的分辨率越好，但频率分辨率越差。

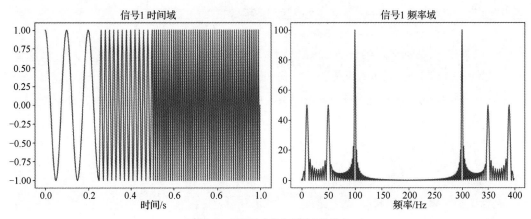

图 7-2 傅里叶变换在时域上的缺点

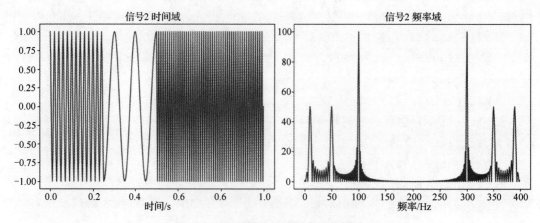

图 7-2   傅里叶变换在时域上的缺点（续）

小波变换则可以解决这个问题。使用小波对上述波形做小波变换，代码及结果如下。

```python
import numpy as np
import matplotlib.pyplot as plt
import pywt
"""
中文显示工具函数
"""
def set_ch():
    from pylab import mpl
    mpl.rcParams['font.sans-serif']=['FangSong']
    mpl.rcParams['axes.unicode_minus']=False
set_ch()
t = np.linspace(0, 1, 400, endpoint=False)
cond = [t<0.25, (t>=0.25)&(t<0.5), t>=0.5]
f1 = lambda t: np.cos(2*np.pi*10*t)
f2 = lambda t: np.cos(2*np.pi*50*t)
f3 = lambda t: np.cos(2*np.pi*100*t)
y1 = np.piecewise(t, cond, [f1, f2, f3])
y2 = np.piecewise(t, cond, [f2, f1, f3])
cwtmatr1, freqs1 = pywt.cwt(y1, np.arange(1, 200), 'cgau8', 1/400)
cwtmatr2, freqs2 = pywt.cwt(y2, np.arange(1, 200), 'cgau8', 1/400)
plt.figure(figsize=(12, 9))
plt.subplot(221)
plt.plot(t, y1)
plt.title('信号 1 时间域')
plt.xlabel('时间/s')
plt.subplot(222)
```

```
plt.contourf(t, freqs1, abs(cwtmatr1))
plt.title('信号 1 时间频率关系')
plt.xlabel('时间/s')
plt.ylabel('频率/Hz')
plt.subplot(223)
plt.plot(t, y2)
plt.title('信号 2 时间域')
plt.xlabel('时间/s')
plt.subplot(224)
plt.contourf(t, freqs2, abs(cwtmatr2))
plt.title('信号 2 时间频率关系')
plt.xlabel('时间/s')
plt.ylabel('频率/Hz')
plt.tight_layout()
plt.show()
```

从图 7-3 中不仅可以看到信号中有哪些频率，还可以看到不同的频率成分在什么时间出现。在傅里叶变换讲述中提到傅里叶变换类似棱镜，可以将不同的信号成分分解开。而这里小波则类似于显微镜，不仅要知道信号中有哪些成分，还要知道该成分在什么位置出现。

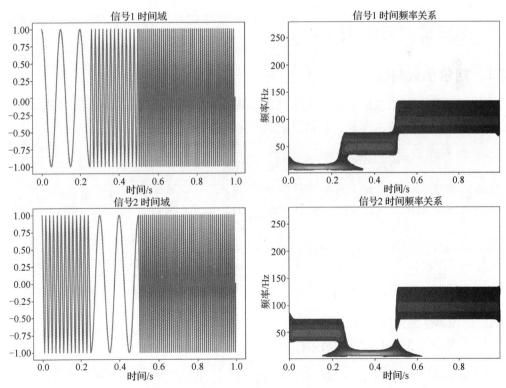

图 7-3　小波变换的时域特点

经典的傅里叶变换把信号按三角正、余弦展开，将任意函数表示为具有不同频率的谐波函数的线性叠加，能较好地刻画信号的频率特性；但它在时空域上无任何分辨，不能作局部分析，这给理论研究和实际应用都带来了许多不便。

小波分析优于傅里叶分析之处在于：小波分析在时域和频域的同时具有良好的局部化性质，因为小波函数是紧支集，而三角正、余弦的区间是无穷区间，所以小波变换可以对高频成分采用逐渐精细的时域或空域取代步长，从而可以聚焦到对象的任意细节。

7.2 简单小波示例

本节对一些简单小波应用进行介绍，重点介绍哈尔小波，通过哈尔小波让读者了解小波的构建、变换、逆变换过程。本节后面还介绍了其他常用小波。

在详细叙述各类小波变换前，再将小波基的构造方法重述一下。

小波由一个定义在有限区间的函数 $\psi(x)$ 构造，该小波可以成为母小波或者基本小波。小波基函数 $\psi_{a,b}(x)$ 可以由缩放和平移母小波生成。

$$\psi_{a,b}(x) = |a|^{-1/2} \psi\left(\frac{x-b}{a}\right)$$

其中，a 为缩放因子，b 为平移因子。

针对离散小波变换，设置：

$$a = 2^j, b = ia$$
$$\varphi_i^j(x) = 2^{j/2}\varphi(2^j x - i)$$

其中，i 为缩放因子，j 为平移因子。

7.2.1 哈尔小波构建

哈尔小波是最早出现的小波技术，也是最简单的小波技术之一。哈尔小波包括哈尔基函数和哈尔小波函数两部分。哈尔基函数的定义如下：

$$\phi(x) = \begin{cases} 1 & 0 \leq x < 1 \\ 0 & 其他 \end{cases}$$

哈尔小波的基函数是定义在半开区间 $[0,1)$ 上的一组分段常值函数集。

哈尔小波函数的定义为 $\psi(x) = \phi(2x) - \phi(2x-1)$，即：

$$\psi(x) = \begin{cases} 1 & 0 \leq x < 1/2 \\ -1 & 1/2 \leq x < 1 \\ 0 & 其他 \end{cases}$$

哈尔小波的构建过程可分为哈尔基函数生成、哈尔小波生成两个过程。

1. 哈尔基函数生成过程

（1）生成矢量空间 V^0 的常值函数。

$$V^0: \phi_0^0(x) = \begin{cases} 1 & 0 \leq x < 1 \\ 0 & 其他 \end{cases}$$

哈尔基波形函数如图 7-4 所示。

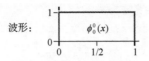

图7-4 哈尔基波形函数

（2）生成矢量空间 V^1 的常值函数。

$$V^1: \quad \phi_0^1(x) = \begin{cases} 1 & 0 \leqslant x < 0.5 \\ 0 & \text{其他} \end{cases}$$

$$\phi_1^1(x) = \begin{cases} 1 & 0.5 \leqslant x < 1 \\ 0 & \text{其他} \end{cases}$$

其波形如图 7-5 所示。

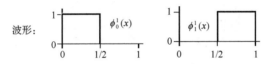

图7-5 矢量常值函数一

（3）生成矢量空间 V^2 的常值函数。

$$V^2: \phi_0^2(x) = \begin{cases} 1 & 0 \leqslant x < 1/4 \\ 0 & \text{其他} \end{cases} \qquad \phi_1^2(x) = \begin{cases} 1 & 1/4 \leqslant x < 1/2 \\ 0 & \text{其他} \end{cases}$$

$$\phi_2^2(x) = \begin{cases} 1 & 1/2 \leqslant x < 3/4 \\ 0 & \text{其他} \end{cases} \qquad \phi_3^2(x) = \begin{cases} 1 & 3/4 \leqslant x < 1 \\ 0 & \text{其他} \end{cases}$$

其波形如图 7-6 所示。

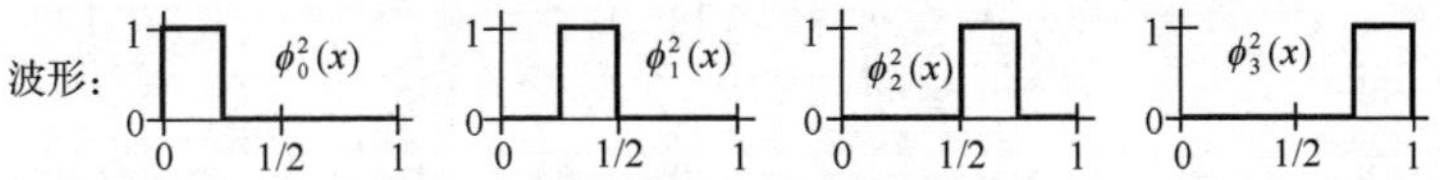

波形：$\phi_0^2(x)$ $\phi_1^2(x)$ $\phi_2^2(x)$ $\phi_3^2(x)$

图7-6 矢量常值函数二

可按照以上方法继续定义哈尔基函数和由它生成的矢量空间 V^j。为生成矢量空间而定义的基函数也叫作尺度函数（Scaling Function）。哈尔基尺度函数的定义为

$$\phi_i^j(x) = \phi(2^j x - i), \quad i = 0, 1, \cdots, (2^j - 1)$$

其中，j 为尺度因子，使函数图形缩小或放大；i 为平移参数，使函数沿 x 轴方向平移。

2. 哈尔小波生成过程

哈尔小波为最古老和最简单的小波，其定义为：

$$\psi(x) = \begin{cases} 1 & 0 \leqslant x < 1/2 \\ -1 & 1/2 \leqslant x < 1 \\ 0 & \text{其他} \end{cases}$$

（1）生成矢量空间 W^0 的哈尔小波。

$$\psi_0^0(x) = \begin{cases} 1 & 0 \leqslant x < 1/2 \\ -1 & 1/2 \leqslant x < 1 \\ 0 & \text{其他} \end{cases}$$

其波形如图 7-7 所示。

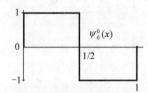

图 7-7　矢量空间 0 的哈尔小波波形

由此可知　$\psi_0^0(x)=\phi_0^1(x)-\phi_1^1(x)$。

（2）生成矢量空间 W^1 的哈尔小波。

$$\psi_0^1(x)=\begin{cases} 1 & 0\leqslant x<1/4 \\ -1 & 1/4\leqslant x<1/2 \\ 0 & 其他 \end{cases} \qquad \psi_1^1(x)=\begin{cases} 1 & 1/2\leqslant x<3/4 \\ -1 & 3/4\leqslant x<1 \\ 0 & 其他 \end{cases}$$

其波形如图 7-8 所示。

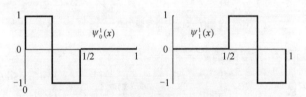

图 7-8　矢量空间 1 的哈尔小波波形

由此可知　$\psi_0^1(x)=\phi_0^2(x)-\phi_1^2(x)$，$\psi_1^1(x)=\phi_3^2(x)-\phi_4^2(x)$。

可按照以上方法继续定义哈尔小波函数和由它生成的矢量空间 W^j。

通过上述过程，我们就已经完成了哈尔小波的构建。其中哈尔基函数可以捕捉到信号的尺度信息，而哈尔小波函数可以捕捉到信号的细节信息。哈尔小波变换要做的就是将信号分解到不同的基函数及小波函数上，并求取每个函数上对应分量的值。

哈尔小波具有如下特点。

（1）哈尔小波在时域是紧支撑的，即其非零区间为[0,1)。

（2）哈尔小波属正交小波。

（3）哈尔小波是对称的。系统的单位冲击响应若具有对称性，则该系统具有线性相位，这对于去除相位失真是非常有利的。哈尔小波是目前唯一一个既具有对称性，又是有限支撑的正交小波。

（4）哈尔小波仅取 + 1 和-1，计算简单。

（5）哈尔小波是不连续小波，这就使得哈尔小波在实际的信号分析与处理中受到了限制。

7.2.2　哈尔小波变换

哈尔小波构建完成之后，就可以使用生成的哈尔基和哈尔小波函数进行小波变换。这里通过一个示例展示哈尔小波变换。

例如，假设有一幅分辨率只有 4 个像素 P0、P1、P2、P3 的一维图像 I，对应的像素值或称图像位置的系数分别为：
$$[9 \quad 7 \quad 3 \quad 5],$$
计算该图像的哈尔小波变换系数。

解：

① 该图像包含 4 个像素，对应的分辨率小波基为空间 V^2 的小波基，可以表示为：
$$I = 9\phi_0^2(x) + 7\phi_1^2(x) + 3\phi_2^2(x) + 5\phi_3^2(x)$$

② 降低该图像分辨率，用空间 V^1 的小波基对图像进行表示。用 I 与 V^1 中小波基进行卷积操作，表现为 V^2 中相邻位置像素求均值，即(9+7)/2=8，(3+5)/2=4，
$$I \approx 8\phi_0^1(x) + 4\phi_1^1(x) ,$$

得到降低分辨率之后的图像：
$$I^1 = 8\phi_0^1(x) + 4\phi_1^1(x) 。$$

这样降低分辨率，丢失了一些细节信息，而丢失的细节信息可以通过哈尔小波函数捕捉到。可以使用 I 和 W^1 中的小波函数做卷积，表现对 I 的相邻位置求平均差值，即 (9-7)/2=1，(3-5)/2=-1，得到降低分辨率之后的细节损失：
$$D^1 = 1\psi_0^1(x) - 1\psi_1^1(x) ,$$
$$I = 8\phi_0^1(x) + 4\phi_1^1(x) + 1\psi_0^1(x) - 1\psi_1^1(x) = I^1 + D^1 。$$

③ 继续降低该图像分辨率，用空间 V^0 得小波基，继续表示图像 I^1。用 I^1 与 V^0 的小波基做卷积操作，表现为 V^1 中相邻像素位置求均值，即(8+4)/2=6，
$$I^1 \approx 6\phi_0^0(x) ,$$

得到低分辨率的图像：
$$I^0 = 6\phi_0^0(x) 。$$

细节损失通过 I^1 和 W^0 的小波函数做卷积操作，表现为求平均差值，即(8-4)/2=2，
$$D^0 = 2\psi_0^0(x) ,$$
$$I^1 = 6\phi_0^0(x) + 2\psi_0^0(x) ,$$

哈尔小波变换系数的计算结果如表 7-1 所示，进而就可以得到该图像的哈尔小波变换表示：
$$I = 6\phi_0^0(x) + 2\psi_0^0(x) + 1\psi_0^1(x) - 1\psi_1^1(x) 。$$

注意，此处并非标准哈尔小波变换，标准小波变换不是除以 2，而是每次除以 $\sqrt{2}$，读者可以尝试使用 $\sqrt{2}$ 做一下标准哈尔小波变换。这也反映了与傅里叶变换相比，小波变换的路径并不唯一。

可以看到，我们最终得到系数的本质是图像在对应哈尔基函数和哈尔小波函数上的卷积结果。

表 7-1　哈尔小波变换系数计算结果

层	均值	细节
V^2	[9 7 3 5]	
V^1	[8 4]	[1 −1]
V^0	[6]	[2]

下面给出标准哈尔变换的实现代码。

```
import pywt
A,D=pywt.dwt([9,7,3,5],'haar',mode='symmetric')
print(A)
print(D)
```

小波变换就是将原始信号 s 变换成小波系数 w，$w=[w_a,w_d]$，包括近似（approximation）系数 w_a 与细节（detail）系数 w_d，如图 7-9 所示。

近似系数 w_a ——平均成分（低频）。

细节系数 w_d ——变化成分（高频）。

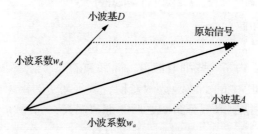

图 7-9 小波分解示意

正变换：原始信号在每个小波基张成的子空间上投影，获得小波系数分量。

逆变换：所有"小波分解"合成原始信号。

上例为离散哈尔小波变换，下面举例说明连续函数的哈尔小波变换。

定义小波序列展开：

$$f(x)=\sum_k c_{j_0}(k)\phi_{j_0,k}(x)+\sum_{j=j_0}^{\infty}\sum_k d_j(k)\psi_{j,k}(x)$$

展开系数计算如下：

$$c_{j_0}(k)=\langle f(x),\phi_{j_0,k}(x)\rangle=\int f(x)\phi_{j_0,k}(x)\mathrm{d}x$$

$$d_j(k)=\langle f(x),\psi_{j,k}(x)\rangle=\int f(x)\psi_{j,k}(x)\mathrm{d}x$$

例如，连续哈尔小波变换。

函数 $\quad y=\begin{cases} x^2 & 0\leqslant x<1 \\ 0 & \text{其他} \end{cases}$，求其哈尔小波变换。

解：

$$c_0(0)=\int_0^1 x^2\phi_{0,0}(x)\mathrm{d}x=\int_0^1 x^2\mathrm{d}x=\frac{x^3}{3}\bigg|_0^1=\frac{1}{3}$$

$$d_0(0)=\int_0^1 x^2\psi_{0,0}(x)\mathrm{d}x=\int_0^{0.5} x^2\mathrm{d}x-\int_{0.5}^1 x^2\mathrm{d}x=-\frac{1}{4}$$

$$d_1(0)=\int_0^1 x^2\psi_{1,0}(x)\mathrm{d}x=\int_0^{0.25} x^2\sqrt{2}\mathrm{d}x-\int_{0.25}^{0.5} x^2\sqrt{2}\mathrm{d}x=-\frac{\sqrt{2}}{32}$$

$$d_1(1)=\int_0^1 x^2\psi_{1,1}(x)\mathrm{d}x=\int_0^{0.75} x^2\sqrt{2}\mathrm{d}x-\int_{0.75}^1 x^2\sqrt{2}\mathrm{d}x=-\frac{3\sqrt{2}}{32}$$

分解如下：

$$y = \underbrace{\underbrace{\frac{1}{3}\phi_{0,0}(x)}_{V_0} + \underbrace{\left[-\frac{1}{4}\psi_{0,0}(x)\right]}_{W_0}}_{V_1 = V_0 \oplus W_0} + \underbrace{\left[-\frac{\sqrt{2}}{32}\psi_{1,0}(x) - \frac{3\sqrt{2}}{32}\psi_{1,1}(x)\right]}_{W_1} + \cdots}_{V_2 = V_1 \oplus W_1 = V_0 \oplus W_0 \oplus W_1}$$

7.2.3 哈尔小波逆变换

给定哈尔小波系数，重建原始信号的过程称为哈尔小波逆变换。

例如：给定小波系数[6 2 1 −1]，求其原始信号。

解：

① 取第一个均值参数 6，以及对应细节参数 2，使用 6 分别加 2 和减 2，得上一层均值参数为[8 4]。

② 取均值参数[8 4]，以及对应细节参数[1 −1]，使用 8 分别加 1 和减 1，使用 4 分别加−1 和减−1，得均值参数[9 7 3 5]。

③ 还原得到原信号。

哈尔小波逆变换代码如下。

```
import pywt
A,D=pywt.dwt([9,7,3,5],'haar',mode='symmetric')
x=pywt.idwt(A,D,'haar')
print(x)
```

7.2.4 其他常见小波函数

目前常见小波大致分为 3 类：所谓的经典小波，或原始小波；Daubecheis 构造的正交小波；由 Cohen、Daubecheis 构造的双正交小波。

1. Marr 小波

Marr 小波的中文名字为"墨西哥草帽"小波。它的定义为：

$$\psi(t) = c(1 - t^2)e^{-t^2/2}$$

式中，$c = \frac{2}{\sqrt{3}}\pi^{1/4}$，其傅里叶变换为：

$$\Psi(\Omega) = \sqrt{2\pi}c\ \Omega^2 e^{-\Omega^2/2}$$

该小波是由一高斯函数的二阶导数得到的，它沿着中心轴旋转一周得到的三维图形犹如一顶草帽，故由此得名。Marr 小波时域和频域函数图示如图 7-10 所示。

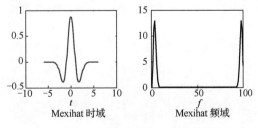

图 7-10 Marr 小波时域和频域函数图示

该小波不是紧支撑的，不是正交的，也不是双正交的，但它是对称的，可用于连续小波变换。由于该小波在 $\Omega=0$ 处有二阶零点，因此它满足容许条件，且该小波比较接近人眼视觉的空间响应特征，因此它在 1983 年就被用于计算机视觉中的图像边缘检测。

Marr 小波的 Python 实现及结果如下。对信号进行 Marr 小波变换及其响应如图 7-11 所示。

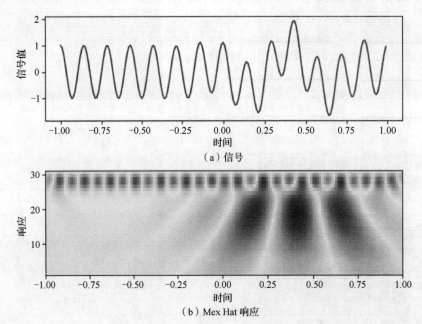

（a）信号

（b）Mex Hat 响应

图 7-11 对信号进行 Marr 小波变换及其响应

```python
import pywt
import numpy as np
import matplotlib.pyplot as plt
"""
中文显示工具函数
"""
def set_ch():
    from pylab import mpl
    mpl.rcParams['font.sans-serif']=['FangSong']
    mpl.rcParams['axes.unicode_minus']=False
set_ch()
t = np.linspace(-1, 1, 200, endpoint=False)
sig = np.cos(2 * np.pi * 7 * t) + np.real(np.exp(-7*(t-0.4)**
2)*np.exp(1j*2*np.pi*2*(t-0.4)))
plt.subplot(211)
plt.plot(t,sig)
plt.title('信号')
```

```
    plt.xlabel('时间')
    plt.ylabel('信号值')
    widths = np.arange(1, 31)
    cwtmatr, freqs = pywt.cwt(sig, widths, 'mexh')
    plt.subplot(212)
    plt.title('Mex Hat 响应')
    plt.xlabel('时间')
    plt.ylabel('响应')
    plt.imshow(cwtmatr, extent=[-1, 1, 1, 31], cmap='PRGn', aspect='auto',
            vmax=abs(cwtmatr).max(), vmin=-abs(cwtmatr).max())
# doctest: +SKIP
    plt.show()
```

2. Morlet 小波

Morlet 小波定义为:

$$\psi(t) = e^{-t^2/2}e^{j\Omega t}$$

其傅里叶变换:

$$\Psi(\Omega) = \sqrt{2\pi}e^{-(\Omega-\Omega_0)^2/2}$$

它是一个具有高斯包络的单频率复正弦函数。该小波不是紧支撑的, 理论上讲, t 可取 $-\infty \sim \infty$。但是, 当 $\Omega_0 = 5$, 或取更大的值时, $\psi(t)$ 和 $\Psi(\Omega)$ 在时域和频域都具有很好的集中。Morlet 小波不是正交的, 也不是双正交的, 可用于连续小波变换, 但该小波是对称的, 是应用较广泛的一种小波。Morlet 小波时域和频域图像如图 7-12 所示。

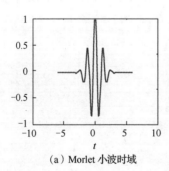
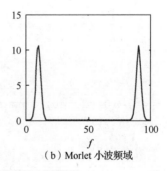

（a）Morlet 小波时域　　　　　　（b）Morlet 小波频域

图 7-12　Morlet 小波时域和频域图像

一个 Morlet 小波的 Python 实现如下。对信号进行 Morlet 小波变换及其结果如图 7-13 所示。

```
import pywt
import numpy as np
import matplotlib.pyplot as plt
from scipy.signal import chirp
```

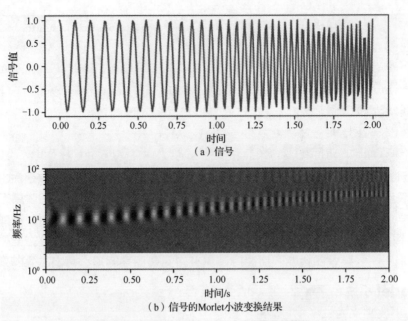

（a）信号

（b）信号的Morlet小波变换结果

图 7-13 对信号进行 Morlet 小波变换及其结果

```python
"""
中文显示工具函数
"""
def set_ch():
    from pylab import mpl
    mpl.rcParams['font.sans-serif']=['FangSong']
    mpl.rcParams['axes.unicode_minus']=False
set_ch()
# 定义信号
fs = 128.0
sampling_period = 1 / fs
t = np.linspace(0, 2, 2 * fs)
x = chirp(t, 10, 2, 40, 'quadratic')
plt.subplot(211)
plt.title('信号图像')
plt.xlabel('时间')
plt.ylabel('信号值')
plt.plot(t,x)
# 计算连续小波变换
coef, freqs = pywt.cwt(x, np.arange(1, 50), 'morl',
                sampling_period=sampling_period)
# 显示时间和频率
plt.subplot(212)
```

```
plt.pcolor(t, freqs, coef)
# 设置 yscale, ylim 等参数
plt.yscale('log')
plt.ylim([1, 100])
plt.ylabel('频率/Hz')
plt.xlabel('时间/s')
plt.savefig('egg.png', dpi=150)
plt.show()
```

7.3 图像多分辨率

7.3.1 小波多分辨率

多分辨分析是小波分析中最重要的概念之一，它将一个函数表示为一个低频成分与不同分辨率下的高频成分，并且多分辨分析能提供一种构造小波的统一框架，提供函数分解与重构的快速算法。由理想滤波器引入多分辨率分析的概念。小波多分辨率分析如图 7-14 所示。

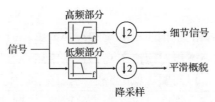

图 7-14 小波多分辨率分析

空间 $L^2(\mathbf{R})$ 中的一系列闭子空间 $\{V_j\}_{j\in\mathbf{Z}}$，称为 $L^2(\mathbf{R})$ 的多分辨率分析或逼近，判断其是否满足下列条件。

1. 单调性
对任意 $j\in\mathbf{Z}$，有 $V_j \subset V_{j+1}$

2. 逼近性

$$\bigcap_{j\in\mathbf{Z}}V_j = \{0\} \qquad \mathrm{clos}_{L^2(\mathbf{R})}\left(\bigcup_{j\in\mathbf{Z}}V_j\right) = L^2(\mathbf{R})$$

3. 伸缩性

$$u(x)\in V_j \Rightarrow u(2x)\in V_{j+1}$$

4. 平移不变性

$$u(x)\in V_0 \Rightarrow u(x-k)\in V_0$$

5. Riesz 基
若满足，则存在 $\phi \in V_0$，使 $\{\phi(t-k)|k\in\mathbf{Z}\}$ 构成 V_0 的 Riesz 基，即 $\{\phi(t-k)|k\in\mathbf{Z}\}$ 是线

性无关的，且存在常数 A 与 B，满足 $0<A\leqslant B<\infty$，使得对任意 $f(t)\in V_0$，总存在序列 $\{c_k\}_{k\in\mathbf{Z}}\in l^2$，使得 $f(t)=\sum\limits_{k=-\infty}^{\infty}c_k\phi(t-k)$ 且 $A\|f\|_2^2\leqslant\sum\limits_{k=-\infty}^{\infty}|c_k|^2\leqslant B\|f\|_2^2$，称 ϕ 为尺度函数，并称 ϕ 生成 $L^2(\mathbf{R})$ 的一个多分辨分析 $\{V_j\}_{j\in\mathbf{Z}}$。

$L^2(\mathbf{R})$ 是一个无限维向量空间，称为平方可积空间，将 $L^2(\mathbf{R})$ 用它的子空间 $\{V_j\}_{j\in\mathbf{Z}}$，$\{W_j\}_{j\in\mathbf{Z}}$ 表示，其中 $\{V_j\}_{j\in\mathbf{Z}}$ 称为尺度空间，$\{W_j\}_{j\in\mathbf{Z}}$ 称为小波空间。尺度空间之间会形成嵌套关系，即存在 $\{0\}\cdots\subset V_{-1}\subset V_0\subset V_1\subset\cdots L^2(\mathbf{R})$。而小波空间 W_j 是 V_j 和 V_{j+1} 之间的差，即 $V_j\oplus W_j=V_{j+1}$，它捕捉由 V_j 逼近 V_{j+1} 时丢失的信息，即 $V_0\oplus W_0\oplus W_1\oplus\cdots\oplus W_j=V_{j+1}$。各尺度空间之间的关系如图 7-15 所示。

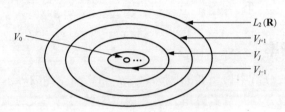

图 7-15　各尺度空间之间的关系

7.3.2　图像金字塔

当观察图像时，通常看到的是相连接的纹理与灰度级相似的区域，它们相互结合形成物体。如果物体的尺寸过小或者对比度不高，通常采用较高的分辨率观察；如果物体的尺寸很大或者对比度很强，只需要较低的分辨率。如果物体的尺寸有大有小，或者对比度有强有弱的情况同时发生，那么，以若干个分辨率对它们进行研究将具有优势。以多分辨率解释图像的一种有效但概念简单的结构是图像金字塔。图像金字塔最初用于机器视觉和图像压缩，将图像表示为一系列分辨率逐渐降低的图像集合。

多分辨率分析：将信号或图像用多种分辨率层次（或尺度）表示。在某个分辨率层次上难以检测到的特征可能很容易在其他分辨率上检测出来。每层中包含一个近似图像和一个残差图像。多种分辨率层次联合起来可以称为图像金字塔。图像金字塔如图 7-16 所示。

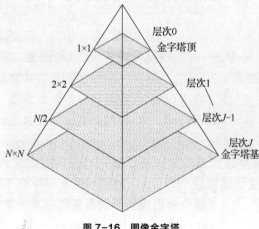

图 7-16　图像金字塔

图像金字塔是以多分辨率解释图像的一种有效但概念简单的结构。金字塔的底部是待处理图像的高分辨率表示，而顶部是低分辨率的近似。当向金字塔的上层移动时，尺寸和分辨率降低。从数学的观点看，图像是一个亮度值的二维矩阵，像边界和对比强烈区域那样的突变特性的不同组合会产生统计值的局部变化。

空间金字塔的基底图像及其 P 个近似层形成了近似金字塔，残差输出形成了残差金字塔。一般通过循环方式计算近似金字塔及残差金字塔。计算步骤如下。

（1）计算第 j 级输入图像降低的分辨率近似值。通过对输入进行滤波，并以 2 为因数进行下采样实现。

（2）由步骤（1）产生的降低分辨率近似创建第 j 级输入图像的一个估计。这通过对产生的近似与第 j 级图像进行上采样和滤波完成。得到的预测图像与第 j 级输入图像的维数相同。

（3）计算步骤（2）的预测图像和步骤（1）的输入之间的差异，把得到的结果放在预测残差金字塔的第 j 级。图像金字塔流程如图 7-17 所示。

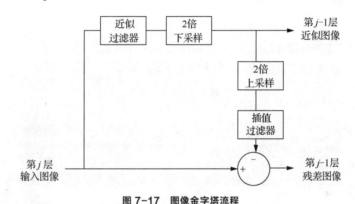

图 7-17　图像金字塔流程

给定一幅真实图像，其图像多分辨率金字塔的计算过程可以通过图 7-18 的方式进行。

图 7-18　图像多分辨率金字塔

一种基于哈尔小波构建的图像金字塔分解如图 7-19 所示。

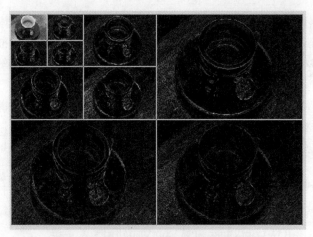

图 7-19　基于哈尔小波构建的图像金字塔分解

7.3.3　图像子带编码

子带编码是另一种与多分辨率分析相关的重要图像技术。在子带编码中，一幅图像被分解成为一系列频带受限的分量，称为子带。子带可以重组在一起无失真地重建原始图像。每个子带通过对输入图像进行带通滤波而得到。

两段子带编译码系统的编码部分如图 7-20 所示。

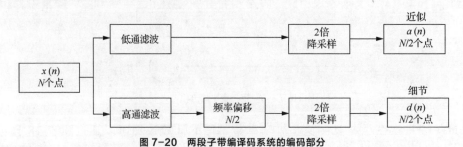

图 7-20　两段子带编译码系统的编码部分

经过编码，$x(n)$ 的所有信息都被保存在近似信号 $a(n)$ 及细节信号 $d(n)$ 中。

两段子带编译码系统的译码部分如图 7-21 所示，需要选择滤波器，以便子带编码和解码系统的输入和输出是相同的。

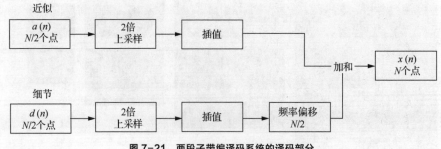

图 7-21　两段子带编译码系统的译码部分

通过译码将保存在近似信号 $a(n)$ 及细节信号 $d(n)$ 中的信息进行重建，得到原始信号 $x(n)$。

7.4 图像小波变换

7.4.1 二维小波变换基础

一维离散小波变换可以通过图 7-22 进行描述。通过小波变换得到 N 个小波系数。而二维离散小波变换面向的输入是二维的 $N \times N$ 矩阵，每个步骤中的输出数量变为 4 个，分别是近似图像、水平细节、垂直细节和对角细节。二维离散小波变换每次保留水平细节、垂直细节和对角细节。近似图像作为下一步二维离散小波变换的输入进行迭代。二维离散小波变换的过程如图 7-23 所示。

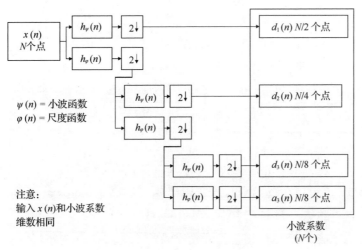

图 7-22　一维离散小波变换的过程

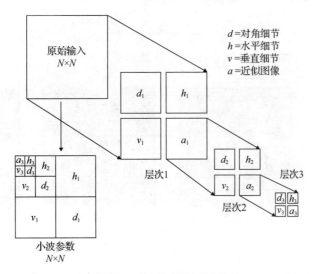

图 7-23　二维离散小波变换的过程

最后得到的小波参数包括最后一层的近似图像以及之前所有层次的细节参数。使用哈尔小波对图像进行小波变换的代码如下。

```
import matplotlib.pyplot as plt
import pywt.data
"""
中文显示工具函数
"""
def set_ch():
    from pylab import mpl
    mpl.rcParams['font.sans-serif']=['FangSong']
    mpl.rcParams['axes.unicode_minus']=False
set_ch()
original = pywt.data.camera()
# Wavelet transform of image, and plot approximation and details
titles = ['近似图像', ' 水平细节',
            '垂直细节', '对角线细节']
coeffs2 = pywt.dwt2(original, 'haar')
LL, (LH, HL, HH) = coeffs2
fig = plt.figure(figsize=(12, 3))
for i, a in enumerate([LL, LH, HL, HH]):
    ax = fig.add_subplot(1, 4, i + 1)
    ax.imshow(a, interpolation="nearest", cmap=plt.cm.gray)
    ax.set_title(titles[i], fontsize=10)
    ax.set_xticks([])
    ax.set_yticks([])
fig.tight_layout()
plt.show()
```

基于哈尔小波对图像进行二维小波变换结果如图 7-24 所示。

（a）近似图像　　　　　（b）水平细节　　　　　（c）垂直细节　　　　　（d）对角线细节

图 7-24　基于哈尔小波对图像进行二维小波变换结果

要对图像进行二维小波变换，需要首先建立二维小波基。通过乘积很容易生成二维小波基，如：

$$\varphi(x, y) = \varphi(x)\varphi(y)$$

其中$\varphi(x)$和$\varphi(y)$均为一维合法小波基。通过$\varphi(x,y)$可以产生3个方向敏感小波，分别对水平方向、垂直方向、对角线方向进行感知。

$$\psi^H(x,y) = \psi(x)\phi(y)$$
$$\psi^V(x,y) = \phi(x)\psi(y)$$
$$\psi^D(x,y) = \psi(x)\psi(y)$$

下面就可以定义尺度和平移基函数：

$$\phi_{j,m,n}(x,y) = 2^{j/2}\phi(2^j x - m, 2^j y - n)$$
$$\psi^i_{j,m,n}(x,y) = 2^{j/2}\psi^i(2^j x - m, 2^j y - n), i = \{H, V, D\}$$

尺寸$M \times N$的图像的二维小波变换就可以表示为：

$$W_\phi(j_0, m, n) = \frac{1}{\sqrt{MN}} \sum_{x=0}^{M-1} \sum_{y=0}^{N-1} f(x,y)\phi_{j_0,m,n}(x,y)$$

$$W^i_\psi(j, m, n) = \frac{1}{\sqrt{MN}} \sum_{x=0}^{M-1} \sum_{y=0}^{N-1} f(x,y)\psi^i_{j,m,n}(x,y)$$

$$i = \{H, V, D\}$$

这样就可以计算出二维图像小波系数，分别对应近似图像、水平细节、垂直细节和对角细节。

小波重建过程是给定对应小波参数，重构原始信号的过程。二维图像小波重建可以表示如下：

$$f(x,y) = \frac{1}{\sqrt{MN}} \sum_m \sum_n W_\phi(j_0, m, n)\phi_{j_0,m,n}(x,y)$$
$$+ \frac{1}{\sqrt{MN}} \sum_{i=H,V,D} \sum_{j=j_0} \sum_m \sum_n W^i_\psi(j, m, n)\psi^i_{j,m,n}(x,y)$$

7.4.2 小波变换在图像处理中的应用

小波变换在图像处理中的应用与傅里叶变换类似，基本方法是：①计算一幅图像的二维小波变换，并得到小波系数；②对小波系数进行修改，保留有效成分，滤去不必要部分；③使用修改后的小波系数进行图像重建。

目前小波变换在图像去噪、压缩等领域得到了广泛的应用。这里以图像去噪、图像压缩为例，对图像小波变换的应用进行介绍。

基于小波变换的图像去噪步骤如下。

（1）图像小波变换。选择一个小波，计算噪声图像的小波系数。

（2）对细节系数通过阈值进行过滤。选择一个细节系数阈值，并对所有细节系数进行阈值化操作。

（3）基于阈值化过滤后的细节系数及原始近似系数，使用小波逆变换对图像进行重建。

下面给出一维信号去噪实现及其结果，如图7-25所示。

```
import numpy as np
import pywt
from skimage.restoration import import denoise_wavelet
```

```
import matplotlib.pyplot as plt
"""
中文显示工具函数
"""
def set_ch():
    from pylab import mpl
    mpl.rcParams['font.sans-serif']=['FangSong']
    mpl.rcParams['axes.unicode_minus']=False
set_ch()
x = pywt.data.ecg().astype(float) / 256
plt.subplot(311)
plt.title('原始信号 x')
plt.plot(x)
sigma = .05
x_noisy = x + sigma * np.random.randn(x.size)
x_denoise = denoise_wavelet(x_noisy, sigma=sigma, wavelet='sym4',
multichannel=False)
plt.subplot(312)
plt.title('加噪图像 x_noisy')
plt.plot(x_noisy)
plt.subplot(313)
plt.title('去噪后图像 x_denoise')
plt.plot(x_denoise)
plt.show()
```

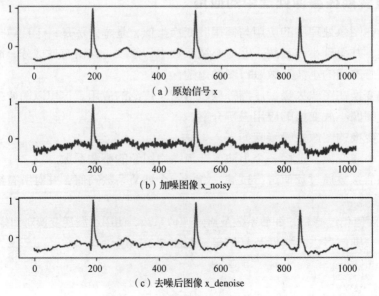

（a）原始信号 x

（b）加噪图像 x_noisy

（c）去噪后图像 x_denoise

图 7-25　基于小波对一维信号去噪

下面给出二维图像去噪实现代码及其结果，如图 7-26 所示。

```python
import matplotlib.pyplot as plt
from skimage.restoration import (denoise_wavelet, estimate_sigma)
from skimage import data, img_as_float
from skimage.util import random_noise
"""
中文显示工具函数
"""
def set_ch():
    from pylab import mpl
    mpl.rcParams['font.sans-serif']=['FangSong']
    mpl.rcParams['axes.unicode_minus']=False
set_ch()
original = img_as_float(data.coffee())
plt.subplot(221)
plt.axis('off')
plt.title('原始图像')
plt.imshow(original)
sigma = 0.2
noisy = random_noise(original, var=sigma**2)
plt.subplot(222)
plt.axis('off')
plt.title('加噪图像 noisy')
plt.imshow(noisy)
im_haar = denoise_wavelet(noisy, wavelet='db2',multichannel=
True, convert2ycbcr=True)
plt.subplot(223)
plt.axis('off')
plt.title('使用 haar 小波去噪')
plt.imshow(im_haar)
# 估计不同颜色通道的噪声平均标准差
sigma_est = estimate_sigma(noisy, multichannel=True, average_
sigmas=True)
im_haar_sigma = denoise_wavelet(noisy, wavelet='db2',
multichannel=True, convert2ycbcr=True,sigma=sigma_est)
plt.subplot(224)
plt.axis('off')
plt.title('使用 haar with sigma 小波去噪')
plt.imshow(im_haar_sigma)
```

```
plt.show()
```

原始图像   加噪图像 noisy

使用 haar 小波去噪   使用 haar with sigma 小波去噪

图 7-26　基于二维小波对图像去噪

基于小波变换的图像压缩步骤如下：

（1）图像小波变换。选择一个小波，计算待压缩图像的小波系数；

（2）使用量化器对小波系数进行量化，得到量化系数；

（3）对量化系数进行编码，形成压缩后的图像。

基于小波变换的图像解压缩步骤如下：

（1）使用符号解码器对压缩图像中的符号进行解码，得到量化系数；

（2）使用小波逆变换对解码后的量化系数进行逆小波变换，生成解压后的图像。

基于小波变换的图像压缩与解压过程如图 7-27 所示。

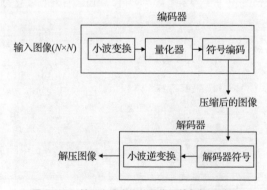

图 7-27　基于小波变换的图像压缩与解压过程

7.5　小结

本章主要介绍小波相关内容。首先介绍了小波变换和傅里叶变换的区别，并从感性认识介绍了小波的优点，其次介绍了小波信号处理过程，包括小波构建、小波变换、小波逆变换，然后介绍了图像多分辨率，最后介绍了小波变换在图像处理中的应用。

7.6 本章练习

1. 简述小波与傅里叶变换的区别。
2. 简述短时傅里叶变换与小波的区别。
3. 使用其他类型小波对图像去噪，并用代码实现。

附录 A

Python 开发环境配置及基本语法

A.1 综述

本附录主要讲解如何进行 Python 开发环境配置以及 Python 的一些基本语法。

A.2 Python 开发环境配置

Python 是一个结合了解释性、编译性、互动性和面向对象的脚本语言。Python 是一种开放的语言，开源人士为 Python 提供了大量的可用类包。本节主要介绍基于 Python 的数字图像处理开发环境配置以及一些基本语法，希望能引导初学者快速入门。

由于 Python 官方版开发环境配置比较烦琐，所以我们选择了集成多方开源类包的 Anaconda 作为 Python 开发的基础环境。Anaconda 是一个开源的 Python 发行版本，其包含 Conda、Python 等 180 多个科学包及其依赖项。其下载地址为 https://www.anaconda.com/download/。如图 A-1 所示，选择 Python 3.7 版进行，单击 Download 按钮即可。

图 A-1　Anaconda 下载选择页面

下面进行 Anaconda 的安装，如图 A-2～图 A-8 所示，按步骤进行即可。

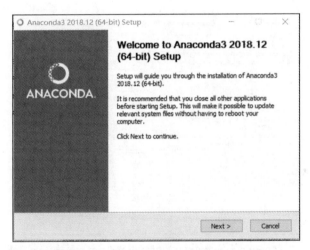

图 A-2　Anaconda 安装步骤 1，单击 Next 按钮

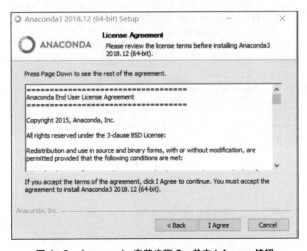

图 A-3　Anaconda 安装步骤 2，单击 I Agree 按钮

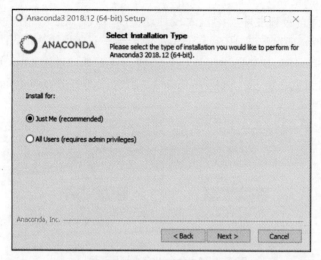

图 A-4　Anaconda 安装步骤 3，选择 Just Me，然后单击 Next 按钮

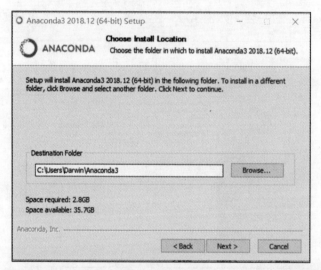

图 A-5　Anaconda 安装步骤 4，选择默认目录，然后单击 Next 按钮

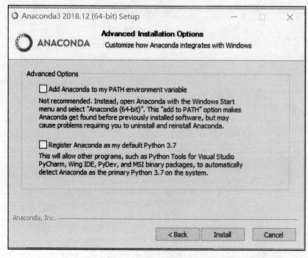

图 A-6　Anaconda 安装步骤 5，单击 Install，等待稍许，到达图 A-7 界面

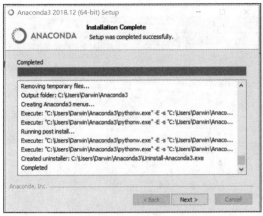

图 A-7　Anaconda 安装步骤 6，单击 Next 按钮

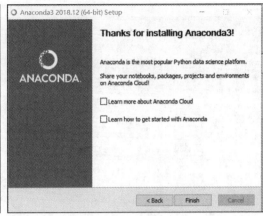

图 A-8　Anaconda 安装步骤 7，单击 Finish 按钮，完成安装

安装 Anaconda 之后，其实就可以进行 Python 编程了，但为了编写程序的效率，一般还需要安装集成开发环境。这里选择 Pycharm 作为开发工具，安装步骤不再赘述，其下载地址为 https://www.jetbrains.com/pycharm/。安装完成后，打开 Pycharm，单击 Create Project 按钮，即可创建新的 Python 项目，如图 A-9 所示，输入项目存放位置及项目名称，单击 Create 按钮即可创建新项目。

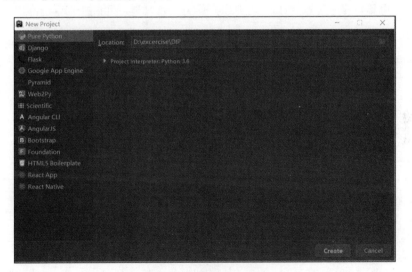

图 A-9　创建 Python 项目

在项目目录上右击，先选择 New，然后选择 Python File 即可创建新的 Python 文件，如图 A-10 所示。

打开新创建的 Python 文件，在其中输入如下代码，并右键 run 按钮执行之，即可显示本书中示例的咖啡杯图像。

```python
from skimage import data,io
image=data.coffee()
io.imshow(image[:,:,1])
io.show()
```

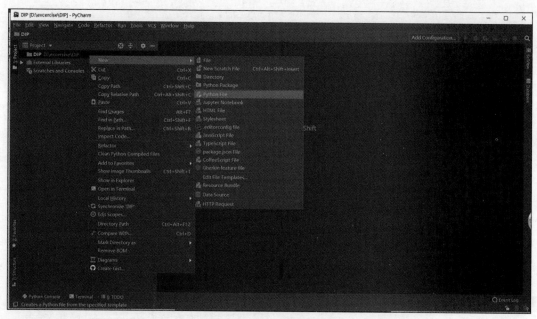

图 A-10　创建 Python 文件

　　本书中采用的是比较成熟的数字图像处理类库 skimage，该库包含了数字图像处理中绝大部分常见算法的实现。sklearn 主要子模块及其功能说明见表 A-1。

表 A-1　sklearn 主要子模块及其功能说明

子模块名称	主要实现功能
io	读取、保存和显示图片或视频
data	提供一些测试图片和样本数据
color	颜色空间变换
filters	图像增强、边缘检测、排序滤波器、自动阈值等
draw	操作于 numpy 数组上的基本图形绘制，包括线条、矩形、圆和文本等
transform	几何变换或其他变换，如旋转、拉伸和拉东变换等
morphology	形态学操作，如开闭运算、骨架提取等
exposure	图片强度调整，如亮度调整、直方图均衡等
feature	特征检测与提取等
measure	图像属性的测量，如相似性或等高线等
segmentation	图像分割
restoration	图像恢复
util	通用函数

　　如果希望使用子模块 io，可使用 from sklearn import io 语句将其导入。

A.3　Python 基本语法

　　Python 是一种解释型、面向对象、动态数据类型的高级程序设计语言。Python 由 Guido van Rossum 于 1989 年年底发明，第一个公开发行版发行于 1991 年。Python 是纯粹的自由软件，源代码和解释器 CPython 遵循 GPL（GNU General Public License）协议。Python 语法简洁清晰，特色之一是强制用空白符（White Space）作为语句缩进。Python 具有丰富和强大的库。它常被昵称为胶水语言，能够把用其他语言（尤其是 C/C++）制作的各种模块很轻松地连接在一起。常见的一种应用情形是，使用 Python 快速生成程序的原型（有时甚至是程序的最终界面），然后对其中有特别要求的部分用更合适的语言改写，如 3D 游戏中的图形渲染模块，性能要求特别高，就可以用 C/C++语言重写，之后封装为 Python 可以调用的扩展类库。注意，使用扩展类库时需要考虑平台问题，某些扩展类库可能不提供跨平台的实现。

A.3.1 Python 编码风格

Python 在设计上坚持了清晰划一的风格，这使得 Python 成为一门易读、易维护，并且被大量用户欢迎的、用途广泛的语言。

设计者开发时的指导思想是：对于一个特定的问题，只要有一种最好的方法解决就好了。这在由 Tim Peters 写的 Python 格言（称为 The Zen of Python）里表述为：There should be one--and preferably only one--obvious way to do it.这正好和 Perl 语言（另一种功能类似的高级动态语言）的中心思想 TMTOWTDI（There's More Than One Way To Do It）完全相反。

Python 的作者有意设计限制性很强的语法，使得不好的编程习惯（如 if 语句的下一行不向右缩进）都不能通过编译。其中很重要的一项是 Python 的缩进规则。

Python 和其他大多数语言（如 C）的区别是，一个模块的界限完全由每行的首字符在这一行的位置决定（而 C 语言是用一对花括号{}明确地定出模块的边界，与字符的位置毫无关系）。这一点曾经引起过争议。因为自从 C 这类语言诞生后，语言的语法含义与字符的排列方式分离开，曾经被认为是一种程序语言的进步。不过，不可否认的是，通过强制程序员们缩进（包括 if，for 和函数定义等所有需要使用模块的地方），Python 确实使得程序更加清晰和美观。

A.3.2 第一个 Python 程序

1. 交互式编程

交互式编程不需要创建脚本文件，是通过 Python 解释器的交互模式进来编写代码。Window 在安装 Python 时已经安装了默认的交互式编程客户端，提示窗口如图 A-11 所示。

在 Python 提示符中输入以下文本信息，然后按 Enter 键查看运行效果。

```
print ("Hello, Python!")
```

2. 脚本式编程

通过脚本参数调用解释器开始执行脚本，直到脚本执行完毕。当脚本执行完成后，解释器不再有效。可以使用记事本创建一个 test.py 文件，并将以下的源代码复制至 test.py 文件中。

```
print ("Hello, Python!")
```

然后在 Windows 命令行中输入 python test.py 即可看到执行结果。

图 A-11　Python 交互式执行

3. IDE 内编程

在 Python 中创建新的 Python 文件，右击 run，即可执行。

4. Python 标识符

Python 3 对标识符的规定如下：第一个字符必须是字母表中的字母或下画线'_'。标识符的其他部分中字母、数字和下画线组成。标识符对大小写敏感。在 Python 3 中，非-ASCII 标识符也是允许的。

5. Python 保留字

保留字即关键字，不能把它们用作任何标识符名称。Python 标准库提供的一个 keyword module，可以输出当前版本的所有关键字。

执行如下代码：

```
import keyword
print(keyword.kwlist)
```

结果如下：

```
['False', 'None', 'True', 'and', 'as', 'assert', 'break', 'class',
'continue', 'def', 'del', 'elif', 'else', 'except', 'finally', 'for',
'from', 'global', 'if', 'import', 'in', 'is', 'lambda', 'nonlocal', 'not',
'or', 'pass', 'raise', 'return', 'try', 'while', 'with', 'yield']
```

6. 注释

Python 中单行注释以#开头，多行注释用 3 个单引号（'''）或者 3 个双引号（"""）将注释括起来。

7. 行与缩进

Python 最具特色的就是使用缩进表示代码块。缩进的空格数是可变的，但是同一个代码块的语句必须包含相同的缩进空格数。

8. 数据类型

Python 中的数有 4 种类型：整数、长整数、浮点数和复数。

整数，如 1。

长整数，是比较大的整数。

浮点数，如 1.23、3E-2。

复数，如 1+2j、1.1+2.2j。

9. Python 算术运算符

下面假设变量 a 为 10，变量 b 为 21，Python 算术运算见表 A-2。

表 A-2 Python 算术运算

运算符	描述	实例
+	加，两个对象相加	$a+b$，输出结果为 31
-	减，得到负数或是一个数减去另一个数	$a-b$，输出结果为-11
*	乘，两个数相乘或是返回一个被重复若干次的字符串	$a*b$，输出结果为 210
/	除，x 除以 y	b/a，输出结果为 2.1
%	取模，返回除法的余数	$b\%a$，输出结果为 1
**	幂，返回 x 的 y 次幂	$a**b$，为 10 的 21 次方
//	取整除，返回商的整数部分	9//2，输出结果 4；9.0//2.0，输出结果为 4.0

输入以下程序，执行并查看结果。

```
b = 10
c = 0
c = a + b
print ("1 - c 的值为: ", c)
c = a - b
print ("2 - c 的值为: ", c)
c = a * b
print ("3 - c 的值为: ", c)
c = a / b
print ("4 - c 的值为: ", c)
c = a % b
print ("5 - c 的值为: ", c)
# 修改变量 a 、b 、c
a = 2
b = 3
c = a**b
print ("6 - c 的值为: ", c)
a = 10
```

```
b = 5
c = a//b
print ("7 - c 的值为: ", c)
```

10. Python 数值运算

Python 解释器可以作为一个简单的计算器: 可以在解释器里输入一个表达式, 它将输出表达式的值。表达式的语法很直白: +, -, * 和 / 在许多其他语言 (如 Pascal 或 C) 里一样; 括号可用来为运算分组。例如:

```
>>> 2 + 2
4
>>> 50 - 5*6
20
>>> (50 - 5*6) / 4
5.0
>>> 8 / 5  # 总是返回一个浮点数
1.6
```

在整数除法中, 除法 (/) 总是返回一个浮点数, 如果只想得到整数的结果, 丢弃可能的分数部分, 可以使用运算符 //。

```
>>> 17 / 3  # 整数除法返回浮点型
5.666666666666667
>>>
>>> 17 // 3  # 整数除法返回向下取整后的结果
5
>>> 17 % 3  # % 操作符返回除法的余数
2
>>> 5 * 3 + 2
17
```

等号 ('=') 用于给变量赋值。赋值之后, 除了下一个提示符, 解释器不会显示任何结果。

```
>>> width = 20
>>> height = 5*9
>>> width * height
900
```

Python 可以使用 ** 操作进行幂运算。

```
>>> 5 ** 2  # 5 的平方
25
>>> 2 ** 7  # 2 的 7 次方
128
```

11. Python 循环操作

（1）while 循环

Python 中 while 语句的一般形式为

```
while 判断条件:
    statements
```

同样需要注意冒号和缩进。另外，在 Python 中没有 do…while 循环。下面的实例使用 while 计算 1～100 的总和。

```
#!/usr/bin/env python3
n = 100
sum = 0
counter = 1
while counter <= n:
sum = sum + counter
counter += 1
print("Sum of 1 until %d: %d" % (n,sum))
```

（2）for 语句

Python 中的 for 语句可以遍历任何序列的项目，如一个列表或者一个字符串。

for 语句的一般格式如下：

```
for <variable> in <sequence>:
  <statements>
else:
  <statements>
```

下面是一个 Python 中的 for 循环实例。

```
edibles = ["ham", "spam","eggs","nuts"]
for food in edibles:
    if food == "spam":
        print("No more spam please!")
        break
    print("Great, delicious " + food)
else:
    print("I am so glad: No spam!")
print("Finally, I finished stuffing myself")
```

参考文献

[1] 阮秋琦. 数字图像处理学[M]. 2 版. 北京：电子工业出版社，2007.

[2] 余成波. 数字图像处理及 MATLAB 实现[M]. 重庆：重庆大学出版社，2003.

[3] 谢凤英，赵丹培. Visual C++数字图像处理[M]. 北京：电子工业出版社，2008.

[4] 苏彦华. Visual C++数字图像识别技术典型案例[M]. 北京：人民邮电出版社，2004.

[5] GONZALEZ R，WOODS R，EDDINS S. 数字图像处理：MATLAB 版[M]. 北京：电子工业出版社，2005.

[6] 陈书海. 实用数字图像处理[M]. 北京：科学出版社，2005.

[7] 何斌. Visual C++数字图像处理[M]. 北京：人民邮电出版社，2001.

[8] 李红俊，韩冀皖. 数字图像处理技术及其应用[J]. 计算机测量与控制，2002，10（9）：620-622.

[9] 何斌. Visual C++数字图像处理[M]. 2 版. 北京：人民邮电出版社，2002.

[10] 朱虹. 数字图像处理基础[M]. 北京：科学出版社，2005.

[11] 刘直芳，王运琼，朱敏. 数字图像处理与分析[M]. 北京：清华大学出版社，2006.

[12] 杨帆. 数字图像处理与分析[M]. 北京：北京航空航天大学出版社，2007.

[13] 沈庭芝，方子文. 数字图像处理及模式识别[M]. 北京：北京理工大学出版社，1998.

[14] 蓝章礼，李益才，李艾星. 数字图像处理与图像通信[M]. 北京：清华大学出版社，2009.

[15] 刘中合，王瑞雪，王锋德，等. 数字图像处理技术现状与展望[J]. 计算机时代，2005（9）：6-8.

[16] 黄贤武，王加俊，李家华. 数字图像处理与压缩编码技术[M]. 成都：电子科技大学出版社，2000.

[17] 郎锐. 数字图像处理学[M]. 北京：北京希望电子出版社，2002.

[18] 刘禾. 数字图像处理及应用[M]. 北京：中国电力出版社，2006.

[19] 张弘，曹晓光，谢凤英. 数字图像处理与分析[M]. 北京：机械工业出版社，2013.

[20] 闫敬文. 数字图像处理：MATLAB 版[M]. 北京：国防工业出版社，2011.

[21] 刘榴娣. 实用数字图像处理[M]. 北京：北京理工大学出版社，1998.

[22] 王剑平，张捷. 小波变换在数字图像处理中的应用[J]. 现代电子技术，2011，34（1）.

[23] 阮秋琦. 数字图像处理基础[M]. 北京：清华大学出版社，2009.

[24] 李朝晖，张弘. 数字图像处理及应用[M]. 北京：机械工业出版社，2004.

[25] 张德丰. 数字图像处理：MATLAB 版[M]. 北京：人民邮电出版社，2009.

[26] 曾俊. 图像边缘检测技术及其应用研究[D]. 华中科技大学，2011.

[27] 李在铭. 数字图像处理、压缩与识别技术[M]. 成都：电子科技大学出版社，2000.

[28] 田岩，彭复员. 数字图像处理与分析[M]. 武汉：华中科技大学出版社，2009.

[29] 黄爱民，安向京，骆力. 数字图像处理与分析基础[M]. 北京：中国水利水电出版社，2005.

[30] 陈汗青，万艳玲，王国刚. 数字图像处理技术研究进展[J]. 工业控制计算机，2013，

26（1）：72-74.

[31] 章霄. 数字图像处理技术[M]. 北京：冶金工业出版社，2005.

[32] 王志明. 数字图像处理与分析[M]. 北京：清华大学出版社，2012.

[33] 杨杰. 数字图像处理及 MATLAB 实现[M]. 北京：电子工业出版社，2010.

[34] 赵登峰，许纯新，王国强. 小波分析及其在数字图像处理中的应用[J]. 同济大学学报（自然科学版），2001，29（9）：1054-1058.

[35] 侯宏花. 数字图像处理与分析[M]. 北京：北京理工大学出版社，2011.

[36] 周品，李晓东. MATLAB 数字图像处理[M]. 北京：清华大学出版社，2012.

[37] 刘刚. MATLAB 数字图像处理[M]. 北京：机械工业出版社，2010.

[38] 赵荣椿. 数字图像处理导论[M]. 西安：西北工业大学出版社，1995.

[39] 井上诚喜，白玉林，等. C 语言实用数字图像处理[M]. 北京：科学出版社，2003.

[40] 求是科技. Visual C++数字图像处理典型算法及实现[M]. 北京：人民邮电出版社，2006.

[41] 吕艳娜，朱晓，朱长虹. 计算机数字图像处理常用颜色空间及其转换[J]. 计算机与数字工程，2006，34（11）：54-56.

[42] 赵荣椿，赵忠明，赵歆波. 数字图像处理与分析[M]. 北京：清华大学出版社，2013.

[43] 孙仲康，沈振康. 数字图像处理及其应用[M]. 北京：国防工业出版社，1985.

[44] 王晓雪，苏杏丽. 数字图像处理在车牌识别中的应用[J]. 自动化仪表，2010，31（7）：22-25.

[45] 刘海波，沈晶，郭耸. Visual C++数字图像处理技术详解[M]. 北京：机械工业出版社，2010.

[46] JAIN A K，韩博，徐枫. 数字图像处理基础[M]. 北京：清华大学出版社，2006.

[47] 杨杰. 数字图像处理及 MATLAB 实现：学习与实验指导[M]. 北京：电子工业出版社，2010.

[48] 钟志光. Visual C++.NET 数字图像处理实例与解析[M]. 北京：清华大学出版社，2003.

[49] 左飞，万晋森，刘航. Visual C++数字图像处理开发入门与编程实践[M]. 北京：电子工业出版社，2008.

[50] 张铮. 精通 MATLAB 数字图像处理与识别[M]. 北京：人民邮电出版社，2013.

[51] 王科平. 数字图像处理：MATLAB 版[M]. 北京：机械工业出版社，2015.

[52] 谷口庆治. 数字图像处理：应用篇[M]. 北京：科学出版社，2002.

[53] KOSCHAN A，ABIDI M. 彩色数字图像处理[M]. 北京：清华大学出版社，2010.

[54] 韩晓军. 数字图像处理技术与应用[M]. 北京：电子工业出版社，2009.

[55] 孙燮华. 数字图像处理：原理与算法[M]. 北京：机械工业出版社，2010.

[56] 赵小川，何灏，缪远诚. MATLAB 数字图像处理实战[M]. 北京：机械工业出版社，2013.

[57] 贾中云. 小波变换及其数字图像处理的应用[J]. 杭州师范大学学报（自然科学版），2003，2（2）：60-63.

[58] 王占全，徐慧. 精通 Visual C++数字图像处理技术与工程案例[M]. 北京：人民邮电

出版社，2009.

[59] 吴艳. 基于 FPGA 的数字图像处理基本算法研究与实现[D]. 哈尔滨工业大学，2008.

[60] 谢凤英. 数字图像处理及应用[M]. 北京：电子工业出版社，2014.

[61] 赵书兰. MATLAB R2008 数字图像处理与分析实例教程[M]. 北京：化学工业出版社，2009.

[62] 夏良正. 数字图像处理（修订版）[M]. 南京：东南大学出版社，1999.

[63] 欧珊瑚. Visual C++. NET 数字图像处理技术与应用[M]. 北京：清华大学出版社，2004.

[64] 汤国安. 遥感数字图像处理[M]. 北京：科学出版社，2004.

[65] 陈桂明，张明照，威红雨. 应用 MATLAB 语言处理数字信号与数字图像[M]. 北京：科学出版社，2000.

[66] 麦特尔. 现代数字图像处理[M]. 北京：电子工业出版社，2006.

[67] 张铮，王艳平，薛桂香. 数字图像处理与机器视觉[M]. 北京：人民邮电出版社，2010.

[68] 张景发，王四龙，侯孝强. 活动断裂带中遥感数字图像处理技术——以鲜水河活动断裂带为例[J]. 地震地质，1996（1）：1-16.

[69] 陈兵旗. 实用数字图像处理与分析[M]. 北京：中国农业大学出版社，2014.

[70] 马平. 数字图像处理和压缩[M]. 北京：电子工业出版社，2007.

[71] 李波. 数字图像噪声消除算法研究[D]. 曲阜师范大学，2008.

[72] 周琳娜，王东明. 数字图像取证技术[M]. 北京：北京邮电大学出版社，2008.

[73] 孙波. 数字图像角点检测算法的研究[D]. 合肥工业大学，2013.

数字图像处理与 Python 实现